资助项目：西华大学校内人才引进项目——不确定环境下中国金融市场波动率预测及应用研究（项目编号：w2320054）
成都市哲学社会科学研究基地成都绿色低碳发展研究基地项目——极端气候下成都碳市场安全问题研究（项目编号：LD2024Z01）

碳排放权交易市场波动率预测因素与建模

——以欧盟碳排放权交易市场为例

郭晓竹　著

北　京

冶 金 工 业 出 版 社

2025

内 容 提 要

　　本书系统地研究了碳排放权交易市场价格的波动及预测中的若干问题：从内生影响因素角度出发，考察碳排放价格波动率本身的短期和长期历史非对称性、极端观察值和跳跃信息对未来波动率的可预测性；梳理了对碳价格波动率具有预测能力的外生因素，结合扩散指数模型、组合预测方法和机器学习方法，探索商品、债券、股指和不确定性这四类非基本面因素对碳价格波动率的预测能力；从应用层面出发，介绍了碳价格波动率预测模型在资产配置和风险规避方面的应用。

　　本书可供金融学和管理学相关专业研究生选读，也可供从事金融预测及风险管理方向的研究人员以及科技人员阅读参考。

图书在版编目（CIP）数据

　　碳排放权交易市场波动率预测因素与建模：以欧盟碳排放权交易市场为例／郭晓竹著. -- 北京：冶金工业出版社，2025. 1. -- ISBN 978-7-5240-0108-9

　　Ⅰ. X511

　　中国国家版本馆 CIP 数据核字第 2025F7S222 号

碳排放权交易市场波动率预测因素与建模——以欧盟碳排放权交易市场为例

出版发行	冶金工业出版社	电　话	（010）64027926
地　址	北京市东城区嵩祝院北巷 39 号	邮　编	100009
网　址	www. mip1953. com	电子信箱	service@ mip1953. com

责任编辑　杜婷婷　美术编辑　吕欣童　版式设计　郑小利
责任校对　梁江凤　责任印制　禹　蕊
北京建宏印刷有限公司印刷
2025 年 1 月第 1 版，2025 年 1 月第 1 次印刷
710mm×1000mm　1/16；10.75 印张；208 千字；161 页
定价 **68.00 元**

投稿电话　（010）64027932　投稿信箱　tougao@cnmip. com. cn
营销中心电话　（010）64044283
冶金工业出版社天猫旗舰店　yjgycbs. tmall. com
（本书如有印装质量问题，本社营销中心负责退换）

前　言

　　经济发展与工业生产紧密相连，工业生产是推动经济增长的关键力量。然而，工业生产过程中产生的温室气体排放对全球生态环境构成了严峻挑战。近年来，随着经济的快速增长，温室气体排放量不断攀升，导致全球气候变暖和极端天气事件频发，人类的生存环境面临前所未有的威胁。

　　为了应对气候变化带来的挑战，促进经济的可持续发展，碳排放权交易市场（简称"碳市场"）应运而生。碳市场通过市场化机制，激励企业减少温室气体排放，实现减排目标。在这一背景下，碳市场价格的波动受到了广泛关注，这是因为价格波动不仅影响市场参与者的利益，也是衡量市场效率和稳定性的重要指标。

　　碳市场价格波动率预测研究在碳市场中具有重要作用。准确的价格波动率预测有助于市场参与者把握市场动态，优化资产配置，并完善风险管理。因此，提高碳市场价格波动率预测的精度是一项迫切需要解决的问题。

　　2005 年，随着欧盟碳排放权交易体系（European Union Emissions Trading Scheme，EU ETS）的推出和欧盟碳排放权配额（European Union Allowance，EUA）期货合约的上市，全球各国碳排放权交易体系逐渐建立和快速发展，且这种新兴的交易体系正在世界范围内受到持续不断的关注。目前看来，全球最大且最成熟的碳市场在欧洲，EU ETS 显然具有示范作用。

　　基于以上现状分析，本书选取 EUA 期货市场作为研究对象，开展一系列关于碳价格波动率建模的预测与应用研究工作。本书将重点回答以下几个问题：第一，考虑到 EUA 期货市场自身的历史波动特征，利用其短期和长期跳跃、非对称性以及极端观察值是否有助于预测未来波动率；第二，考虑到外生冲击对 EUA 期货市场的潜在影响，利用商品、债券、股指和不确定性这四类外生因素是否可以提升对 EUA 期货市场价格波动率的预测性能，以及哪类因子的预测能力更强；第三，在上一步研究发现不确定性这类因子具备最高预测能力的基础上，能否综合考虑不同国家的经济政策不确定性（Economic Policy Uncertainty，EPU）信息提高 EUA 期货市场价格波动率的预测精度；第四，在目前人工智能技术高速发展的背景下，能否结合机器学习方法进一步提取不同类别的 EPU 指数中所包含的预测信息来提高预测精度；第五，关于以上问题的理论研究是否对资产配置和风险管理等工作有应用价值。

全书共 7 章，每章的内容如下。

第 1 章介绍了研究背景、研究内容、研究意义和研究创新性。

第 2 章首先梳理了碳市场的发展历史、现状以及前景，并讨论了影响碳市场价格波动的潜在因素，包括自身因素和外生因素。同时，介绍了本书预测研究中的 3 个基础模型和四种样本外检验方法。

第 3 章通过结合 EUA 期货市场自身历史波动特征中的短期和长期跳跃、非对称性以及极端观察值构建了多种扩展模型，探讨了这些因素对其未来价格波动率的预测性能。研究发现，在非对称性方面，同时考虑短期非对称、长期非对称和长期杠杆的扩展模型具有更好的预测效果；在极端值方面，只关注短期极端值的扩展模型具有更好的预测性能；在跳跃信息方面，只关注短期跳跃信息的扩展模型和同时关注短期、长期跳跃信息的扩展模型表现较好。然而，以上扩展模型的优势主要体现在 EUA 价格波动的低波动时期。

第 4 章通过考虑外生因素，包括债券、商品、股指和不确定性，对预测 EUA 波动率的工作进行深入研究。研究发现，在考虑的预测因子中，能够成功预测 EUA 价格波动率的单个因子较少。随后，为了提高预测能力，本章在基准模型的基础上进一步结合了组合预测方法、扩散指数方法以及机器学习方法，研究发现扩散指数方法和组合预测方法均难以提高预测 EUA 波动率的准确性，然而，机器学习方法对 EUA 价格波动率的预测效果较好。更重要的是，实证结果表明：在多数情况下，不确定性这类因素对 EUA 期货市场价格波动率的预测效果要优于其他类型的外生因素。

第 5 章在第 4 章结论的基础上进一步探究了不确定性这类指标中的 EPU 对 EUA 市场价格波动率的预测能力，主要是针对国别的 EPU 信息讨论其对 EUA 期货价格波动率的差异化影响，并对 EUA 期货波动率进行了中长期预测研究。研究证实，不同国家的 EPU 对 EUA 期货市场价格波动率具有差异化的长期预测能力。此外，本章还进一步讨论了如何整合国别的 EPU 信息提升预测效果，结果发现采用扩散指数模型和组合预测方法都可以产生可观的长期样本外预测效果，且对低波动时期的 EUA 波动率预测更加有效。

第 6 章综合考虑了按不同政策类别分类的 EPU 指标，进一步讨论了不同类型的 EPU 信息对 EUA 期货市场价格波动率的影响。研究发现，不同类型的 EPU 对 EUA 期货波动率具有差异化的可预测性，且单个分类 EPU 的预测能力不够稳健。同时，结果显示采用基于马尔可夫机制转换技术的机器学习方法更有助于从多个分类 EPU 指数中获取有效信息，提高对 EUA 期货波动率的预测精度。本章还发现，MIDAS 回归框架下的机器学习方法在预测 EUA 市场波动率方面优于传统的 AR 回归框架下的机器学习模型。

第 7 章以第 6 章的实证结果为例，考察了波动率预测模型在资产配置和风险规避方面的应用。研究发现，不同风险偏好水平的投资者均可以使用机器学习方法在碳期货市场上获得相对可观的投资收益。同时，风险管理人员也可以利用机器学习方法更好地制定风险对冲策略，进而对欧美股市、工业和交通运输业股市、能源市场和中国股市产生更好的风险对冲效果。

本书获得西华大学校内人才引进项目——不确定环境下中国金融市场波动率预测及应用研究（项目编号：w2320054）及成都市哲学社会科学研究基地成都绿色低碳发展研究基地项目——极端气候下成都碳市场安全问题研究（项目编号：LD2024Z01）的资助，在此表示感谢。同时，感谢西华大学对本书出版的大力支持，感谢硕士研究生王怡洁与申若寒对本书出版的贡献。此外，感谢本书作者的导师黄登仕教授、董大勇教授、马锋教授，以及梁超副教授和李霞飞老师对本书作者在西南交通大学攻读博士学位期间的指导与帮助。

由于作者水平所限，书中不妥之处，敬请广大读者批评指正。

作　者

2024 年 12 月

目　　录

1 碳排放权交易市场波动率预测概述

1.1 研究背景

19 世纪以来，全球经济的迅猛增长导致了全球温室气体，尤其是二氧化碳排放量的急剧上升。这种由温室效应引起的全球气候变暖已经对人类的生存和日常生活产生了深远的影响，并对全球经济的可持续发展构成了巨大的挑战。在自然界中，诸如火山喷发、森林火灾、沼泽地释放的二氧化碳以及氮氧化物等产生的各种温室气体，能够在大气层中有效地吸收地面反射的太阳长波辐射，从而形成一层保温层，为地球上的生物提供了一个适宜的温度环境。此外，通过森林的固碳作用和海洋的吸收作用，大气中的二氧化碳能够达到一种动态的平衡状态。

然而，自工业革命以来，化石燃料的大规模使用、森林环境的严重破坏以及工农业的大规模生产活动，已经导致当前地球的温室气体含量远远超出了历史正常波动的范围，并迅速攀升至过去 300 万年以来的最高水平，引发了前所未有的气候变化。特别是近几百年来，温室气体的排放已经导致全球平均气温比工业化前的水平上升了大约 1.2 ℃。专家指出，如果不采取大幅度减少温室气体排放的措施，全球表面温度的上升至少会持续到 21 世纪中叶。

此外，全球变暖引发的气候变化和极端天气现象，对全球的粮食生产构成了严重的威胁。同时，海平面的上升也给沿海地区和岛国带来了各种灾难性的影响。因此，全球变暖是当前时代面临的最为紧迫的问题之一。如果不立即采取行动，未来的社会将不得不付出更加巨大的代价应对气候变化带来的影响，而这些问题也将变得更加难以解决。近期，国际气候变化委员会在其发布的报告中明确指出，前所未有的气候变化已经对全球经济和政治的稳定局势产生了直接的影响。这种影响是深远且多方面的，涉及了全球经济的多个领域和政治决策的各个层面。

回顾历史，早在 1997 年 12 月，全球共有 149 个国家和地区共同通过了一项具有里程碑意义的国际环境协议——《京都议定书》。该议定书的主要目标是通过减少各国的温室气体排放来缓解全球变暖现象，以应对日益严峻的气候变化问题。《京都议定书》于 2005 年 2 月正式生效，其中为包括欧盟在内的工业化国家设定了具有法律约束力的减排目标。

继《京都议定书》之后，2015 年年末，在第 21 届联合国气候变化大会上，即巴黎气候大会上，各国代表经过艰苦的谈判，最终达成了一项更为全面和深远的国际协议——《巴黎协定》。该协定在约一年后正式生效，其长期目标是将全球平均气温的上升幅度（以工业化前的水平为基准）控制在 2 ℃以内，并进一步努力实现控制在 1.5 ℃以内的目标。

在 2021 年 11 月举行的联合国气候变化大会第 26 次缔约方会议（COP26）上，各国代表再次就应对气候变化的紧迫性和重要性达成共识，并提出了到 2050 年实现全球净零碳排放的宏伟目标。这一目标的提出，旨在进一步推动全球各国采取更加积极和有效的措施，以减少温室气体排放，应对气候变化带来的挑战。

这些国际协议和目标的制定，反映了全球社会对于气候变化问题的高度重视和紧迫感。它们为各国政府、企业和个人提供了明确的指导和激励，鼓励大家共同努力，采取切实可行的措施，以减缓气候变化的速度，保护我们共同的家园——地球。为了尽快实现减少温室气体排放的目标，特别是在人类生态环境面临严重恶化的背景下，碳排放交易体系应运而生，并迅速发展。2005 年，欧盟碳排放权交易体系（European Union Emissions Trading Scheme，EU ETS）的建立以及欧盟碳排放权配额（European Union Allowance，EUA）期货合约的上市，标志着碳排放交易体系的快速发展和成熟。

欧盟在全球范围内率先建立了碳排放交易体系，并开始发放碳排放权配额，这些配额覆盖了一定时期内的温室气体排放量。该体系以每年减少的排放权配额为基础，向企业提出了减少温室气体排放的具体要求。企业在碳排放总量上被赋予了限定的配额，但这些配额在企业之间是可以进行交易的。这一创新的机制不仅对欧盟各国应对全球气候变化、促进低碳经济转型以及发展可持续经济具有重要意义，也为全球其他地区提供了宝贵的经验和启示。

近年来，受到欧盟成功经验的启发，各国和各大地区也开始陆续建立自己的碳排放交易体系。这些体系不仅为各国企业控制碳排放量提供了更有效的成本管理和风险管理工具，而且还为市场交易人员，包括机构和个人，提供了新的投资和投机机会。在这一背景下，市场参与者和政策制定者如果能够及时捕捉到碳排放价格（简称"碳价"）的动态变化，并准确识别出碳价波动的特征，就能够更好地预防碳市场的尾部风险，更及时地维护碳市场的稳定，更充分地解释碳价的形成机制。

通过这种方式，可以提高碳排放的效率，促进企业和经济体在减少温室气体排放的同时，实现经济的可持续发展。碳排放交易体系的建立和完善，是全球应对气候变化挑战、推动低碳发展的重要一步，也是实现全球气候目标的关键措施之一。随着全球对气候变化问题认识的不断深化，碳排放交易体系有望在全球范围内得到更广泛的应用和推广，为保护地球生态环境、实现人类社会的可持续发展做出更大的贡献。欧盟碳排放权交易体系（EU ETS）是目前全球范围内规模最大、流动性最强的碳排放交易市场，它对全球碳交易市场的市值贡献率约为90%。作为欧盟控制碳排放的关键政策工具，碳排放权配额在推动减排方面扮演着至关重要的角色。至今，EU ETS 已经涵盖了大约45%的欧盟碳排放量，其覆盖范围主要包括能源密集型的行业，如燃气、炼油、电力、钢铁、原材料制造以及商业航空等。

EU ETS 通过为企业的碳排放总量设定上限，并允许企业之间进行碳排放权的交易，有效地推动了企业在清洁能源技术方面的发展和创新。此外，通过逐年减少碳排放权的供应量，EU ETS 迫使企业不断投资于清洁能源技术的研发，淘汰效率低下、污染严重的旧产能，从而形成了一个积极的循环机制。然而，金融体系的各个部门在一段时间内对于这一政策机制的重视程度并不高，这种态度的转变发生在2018年，当时欧盟对市场稳定储备（Market Stability Reserve，MSR）机制进行了重要的改革。

这一改革的实施导致了之前市场上过剩的碳排放配额供给得到收紧，从而推动了碳排放价格的上涨。随着配额供给的减少和排放政策的日益严格，欧盟的碳交易价格在2016—2021年间实现了超过10倍的增长。同时，随着温室气体减排要求的提高，欧盟的企业开始积极寻找减少自身碳足迹的方法，并逐步转向使用太阳能、风能等可再生能源。

在 EU ETS 的积极推动下，2019年欧盟体系内的碳排放量比前一年降低了约8.7%，与2005年相比则降低了近30%。欧洲一直在寻求经济的绿色转型，而碳排放交易体系作为其整体政策的一部分，不仅在欧洲内部产生了深远的影响，也对全球产生了显著的影响。目前，一些发达国家和发展中国家也在构建类似的系统，虽然它们处于不同的发展阶段，但都在朝着减少碳排放、促进可持续发展的方向努力。随着全球对气候变化问题认识的不断加深，预计会有更多的国家和地区采纳和实施碳排放交易体系，共同应对气候变化带来的挑战。对全球变暖和气候变化的日益关注，引起了关于这一主题的金融学术著作的爆发，尤其是如何实现净零碳排放和可持续发展目标正成为全球关注的焦点。在《巴黎协定》和《京都议定书》的约束下，碳排放权已经成为一种有别于其他金融资产的新资产，最终导致了全球多个地区形成了以碳排放权为主导的碳交易市场。一个多层次的碳排放交易体系已经在全球范围内产生，并带动了碳金融产业的发展。目前，EU ETS 已经成为全球范围内一个重要的碳交易体系，在这个体系中，EUA 期货不仅在一定程度上控制了企业的排放，为企业提供了更有效的风险管理工具，也为交易者（机构或个人）提供了参与投机活动的机会。由于对金融资产波动率的准确描绘、建模和预测与资产定价理论的检验、最佳投资组合的选择和衍生品对冲策略密不可分，EUA 期货商品属性的增强和市场的日益成熟，吸引了不同领域的市场参与者和研究人员对 EUA 期货市场波动预测的日益关注。

因此，本书以 EUA 期货市场为研究对象，尝试从多个角度对欧盟碳交易市场的波动率进行预测研究，讨论如何提高 EUA 期货市场波动率预测的精度，并探讨这些预测结果在资产配置、风险管理和投资组合优化等方面的应用。这些主要的实证发现不仅对完善全球碳金融体系、促进企业节能减排、实现绿色低碳和可持续发展具有重要意义，而且对于完善国内的碳交易体系，促进国内碳交易市场的繁荣，减少国内企业温室气体排放量，实现国民经济的绿色可持续发展也具有一定的借鉴和参考价值。通过这些研究，我们可以更好地理解碳交易市场的功能和作用，为全球减排工作提供更多的思路和方法。

关于金融市场波动率的预测研究指出，在波动率预测模型中引入资产波动率的历史非对称性、极端观察值和跳跃信息有助于提高波动率的预测精度。同时，现有的基于混频数据抽样方法（Mixed-frequency Data Sampling，MIDAS）的 GARCH 模型（GARCH-MIDAS 模型）的研究成果发现，金融市场波动率本身的非对称性、极端观察值和跳跃信息的不同周期成分（短期和长期成分）对其未来价格波动的驱动作用通常存在差异。然而，就目前的研究成果来看，尚未有文献结合 GARCH-MIDAS 模型，讨论 EUA 期货波动率本身的短期和长期历史不对称性、极端观察值和跳跃信息对其未来波动率的可预测性。

此外，现有研究发现了大量可能影响 EUA 市场价格波动的外生冲击，这些因素主要包括能源和金属这类大宗商品市场因素、债券因素、股市因素、不确定性因素和基本面因素等。然而，这些研究通常集中在单个或是单类因素的影响上（例如，能源类相关预测因素、非能源类相关预测因素与不确定性相关预测因素等），忽视了不同类别的潜在因素对碳市场波动率的影响差异，且很少有研究综合利用大量不同类别的潜在影响因素来对碳交易市场波动率进行预测研究。

此外，大量研究指出，包括能源市场、股票市场和商品市场在内的多种金融市场的价格波动往往容易受到各种经济政策不确定性（Economic Policy Uncertainty，EPU）事件的影响。更重要的是，基于这些不确定性事件构建的经济政策不确定性指数对资产波动率的预测能力通常超越了传统宏观经济基本面因素、金融市场因素和投机因素等。由于 EUA 市场波动与能源市场价格波动、股票市场价格波动和商品市场价格波动紧密相连，且从 EUA 市场的当前发展现状来看，EUA 市场的完善仍然需要各类政策的推动。因此，现有研究也开始探索 EUA 期货波动率与经济政策不确定性之间的关联性，并明确了经济政策不确定性对 EUA 期货波动率的显著影响。

然而，不同的国家有着不同的经济结构，对碳排放权的需求也存在差异，从而不同国家的经济政策给碳排放权市场带来的影响也会有所不同。同时，不同类型的经济政策往往针对不同的经济构成部分而构建，从而不同类型的经济政策所带来的不确定性也可能对 EUA 市场的价格波动产生不同的影响和预测能力。根据调研结果可知，目前关于碳排放权市场波动率的研究主要关注综合性的经济政策不确定性指数对碳排放权的影响，而综合性经济政策不确定性指数忽略了国别和分类经济政策不确定性指数的差异化影响。因此，有必要结合降维技术、组合预测方法和机器学习方法分别基于国别经济政策不确定性指数和分类经济政策不确定性指数进一步讨论经济政策不确定性对 EUA 期货价格波动的预测作用。

现有的对金融市场的日间波动率研究主要使用随机波动率模型（Stochastic Volatility，SV）和广义自回归条件异方差（Generalized Autoregressive Conditional Heteroskedasticity，GARCH）模型的多种扩展模型（包括一元和多元扩展模型）来进行波动率的建模和预测研究。随后，Engle 等（2013）考虑到传统 GARCH 族模型不适用于混频数据而提出了 GARCH-MIDAS 模型。金融市场波动率序列的长期波动成分会受到一些低频抽样影响因素的影响，此模型将资产波动率分为了短期和长期两个波动成分。其中，短期波动成分由 GARCH 模型捕获，而长期波动成分由 MIDAS 模型捕获。将低频抽样的影响因素引入 MIDAS 模型中，即可捕获它们对金融市场日间波动率的影响。近年来，GARCH-MIDAS 模型被广泛用于探索低频抽样的宏观经济变量、不确定性因素等对金融市场和能源市场波动率的影响和预测作用。对金融市场日间波动率进行建模和预测的最大不足之处在于，日间波动率的真实值难以界定。现有文献一般以收益率的平方作为真实值，然而，一旦相邻两日的收益率非常接近，则会给人以当日的真实波动幅度较小的错觉。因此，Andersen 和 Bollerslev（1998）引入已实现波动率（Realized Volatility，RV）来刻画金融市场真实波动率，其通过计算日内高频收益率的平方和来获得。研究指出，RV 是对金融市场波动率的稳定和无偏的代理变量。对金融市场 RV，现有文献主要利用异质自回归已实现波动率模型（Heterogeneous Autoregressive Model of Realized Volatility，HAR-RV）、混频抽样已实现波动率模型（Mixed-data Sampling Model of Realized Volatility，MIDAS-RV）以及它们的多种扩展模型进行 RV 的建模和预测研究。其中，MIDAS-RV 模型在金融市场波动率预测研究方面表现出了更大的优势，这是因为它能利用灵活的函数为滞后的预测因子分配合理的权重，而不像 HAR-RV 模型那样仅对滞后的预测因子取等权平均。GARCH 族模型和 HAR-RV 模型均主要预测金融市场的日度（包括日间和日内）波动率，在更长期（月度）的波动率建模和预测研究方面，传统的自回归（Autoregressive，AR）模型是广泛使用的研究方法。同时，最近有研究发现，MIDAS-RV 模型在月度波动率建模和预测方面同样表现出了一定的优势。由于 EUA 市场的高频价格数据难以获取，本书认为，有必要结合 GARCH-MIDAS 模型、AR 模型和 MIDAS 模型来对 EUA 期货市场的日间条件波动率和月度波动率进行预测研究。

基于以上研究背景，本书主要解决以下几个方面的问题：第一，EUA 期货市场历史波动特征中的短期和长期跳跃、不对称性以及极端观察值是否有助于预测其未来波动率；第二，商品、债券、股指和不确定性这四类潜在预测因子是否对 EUA 期货市场波动率具有预测能力，哪类预测因子的预测能力更强；第三，能否综合考虑不同国家 EPU 信息的差异化影响，结合组合预测方法和降维（扩散指数）方法，更好地利用国别 EPU 指数所包含的预测信息，提高 EUA 期货市场波动率的预测精度；第四，能否综合考虑不同类型 EPU 信息的差异化影响，结合组合预测方法、扩散指数方法和机器学习方法，更好地利用分类 EPU 指数所包含的预测信息，提高 EUA 期货市场波动率的预测精度；第五，准确预测 EUA 期货市场波动率，对资产配置和风险管理等工作是否具有实践价值。对这些问题的解答，不仅是对经济管理理论知识的补充和完善，也是对现有计量经济学方法的更深层次应用，还有助于推动欧盟以及世界各国碳排放交易体系的进一步完善，为各大企业实现低碳转型，各国加快能源消费结构转型，应对全球气候变化，实现"双碳"目标等工作做出一定贡献。同时，对 EUA 波动率进行建模和预测研究也有助于投资者和政策制定者从波动率的预测结果中得到启发，为他们的资产配置和金融风险管理等工作提供一定的实证依据。

1.2 研究现状

1.2.1 基于历史波动特征的金融市场波动率预测研究进展

1.2.1.1 不对称性

在金融市场波动率预测研究方面，需要关注的是金融市场的历史波动特征中是否包含预测金融市场未来波动率的有效信息。目前，大量研究基于金融市场的历史波动特征进行了波动率的建模和预测研究。不对称性或杠杆效应广泛存在于金融市场上，且一些研究发现包含不对称性的波动率模型也可以在一定程度上提高金融市场波动率的预测精度。如 Degiannakis（2004），考虑到资产收益率的条件波动率可能存在不对称特征，评估了一个非对称自回归条件异方差（Autoregressive Conditional Heteroskedasticity，ARCH）模型在预测股票市场波动率方面的作用。研究发现，该非对称 ARCH 模型可以对股票市场波动率产生更准确的预测。Horpestad 等（2019）利用 GARCH 类模型和 HAR 类模型研究了来自北美、拉美、欧洲、亚洲和大洋洲的 19 个股票指数的非对称波动效应。研究证实：世界各地的股票市场指数都表现出非对称的波动效应，且这种效应强大到足以显著改善一个准确的 HAR 波动率模型的样本外预测。Awartani 和 Corradi（2005）也研究了不同 GARCH 模型的相对样本外预测能力，特别强调了非对称性的预测效果，并发现了非对称 GARCH 类模型较 GARCH 模型在预测金融市场波动率方面的优势。Liu 等（2014）在门槛随机波动率（Threshold Stochastic Volatility，THSV）框架下，研究了各种分布假设下的中国商品期货市场的收益率和波动率的非对称特征，证明了非对称 THSV 模型优于相应的对称 SV 模型。Maki 和 Ota（2021）研究了非对称属性对预测日本期货和现货股票市场已实现波动率的作用，并发现带有杠杆效应的 HAR 模型的预测表现最好。

1.2.1.2 跳跃

一些研究发现了金融市场所包含的历史跳跃信息对其未来波动率的重要影响和预测作用，跳跃行为信息指的是股价在短期内存在较大的不连续波动。在短期内，股价变化容易受到各种冲击的影响，例如市场情绪的波动、政策变化、公司业绩的发布等，这些跳跃信息能够动态和较为及时地反映市场参与者的情绪和对市场的预期。由于股价的跳跃行为往往与市场情绪密切相关，因此可以通过分析跳跃行为来预测市场的未来走势。当股价出现较大的跳跃时，可能意味着市场情绪发生了重大变化，投资者对未来的预期也发生了变化。这种自身的历史波动往往可以提供大量可靠的预测信息，帮助投资者做出更明智的投资决策。此外，跳跃行为信息还可以用于研究市场的微观结构和交易机制。通过分析跳跃行为，可以揭示市场中的交易者行为和信息传递方式，进一步理解市场的运作机制。如 Corsi 等（2010）考察了跳跃对金融市场波动率的预测作用，研究发现跳跃对金融市场未来波动率有着积极的影响。Sévi（2014）利用日内数据所包含的信息来预测原油波动率，他主要通过将已实现波动率分解为正负两个部分以及连续和不连续（跳跃）部分来构建波动率预测模型，研究发现这些分解在预测原油波动率方面的重要性。Ma 等（2018）使用基于 HAR-RV 及其扩展模型研究了跳跃强度对石油期货市场波动率的影响，其样本外评估结果在统计上支持包含跳跃和跳跃强度模型的预测精度高于基准模型的结论。Buncic 和 Gisler（2017）利用来自 Oxford-Man Realized Library 的每日已实现波动率数据，以及两个广泛使用的包含跳跃和杠杆的已实现波动率实证模型，分析了跳跃和杠杆效应对 18 个国际股票市场预测的重要性。其样本外预测评估结果显示，将已实现波动率分为连续和不连续（跳跃）部分对标普 500 指数很重要。Ma 等（2020）为了验证跳跃对 RV 预测的重要性是否随时间变化，扩展了标准的 MIDAS 模型，并考察了在预测比特币波动率时，在机制转换 MIDAS 模型基础上引入跳跃驱动的时变状态转移概率是否能表现出更好的预测结果；实证结果发现，跳跃的发生大大增加了高波动机制的持久性和高低波动机制之间的转换，且含有跳跃信息的马尔可夫机制转换 MIDAS 模型对波动率的预测显示出了明显的改善。

1.2.1.3　极端值

跳跃的发生往往伴随着极端值的产生，这些极端值的出现也对金融市场的未来波动率有着重要的影响和预测作用。Wang 等（2020）引入了非对称性和极端波动性效应的组合，以建立 GARCH-MIDAS 模型的扩展模型，用于建模和预测股票市场波动率，其样本内和样本外预测结果清晰地验证了极端冲击对股票市场波动率的显著影响和预测作用。Wang 等（2021）的研究通过将数据分为极端正向、极端负向和政策冲击的不同配对，在时域和频域范围内引入了扩展的格兰杰因果关系方法，全面地研究了极端冲击下，原油期货市场与投资者情绪之间的因果关系；研究发现，原油期货受负面极端冲击的影响比受正面极端冲击的影响更为强烈。

总之，基于对相关研究的梳理可以发现，金融市场历史波动率所包含的不对称性、极端值和跳跃信息都被证明对其未来波动率有着重要的影响和预测作用。但是，尚未有文献针对 EUA 期货这一新兴衍生品市场进行结合 GARCH-MIDAS 模型讨论 EUA 期货市场的短期和长期历史不对称性、极端值和跳跃信息对其未来波动率的影响和预测性能的研究。

在金融市场中，不对称性、极端值和跳跃信息是常见的现象，它们对市场的未来走势具有重要的预测能力。然而，对于 EUA 期货市场来说，由于其相对较新且缺乏足够的数据，目前尚未有研究对这些因素进行深入探讨。因此，有必要开展一项研究，结合 GARCH-MIDAS 模型分析 EUA 期货市场的短期和长期历史不对称性、极端值和跳跃信息对其未来波动率的影响和预测性能。通过这样的研究，可以更好地理解 EUA 期货市场的波动特征，并为投资者提供更准确的风险管理工具。此外，这项研究还可以为监管机构提供有关 EUA 期货市场的信息，帮助他们制定更有效的市场监管政策。

1.2.2　外生因素对碳排放权交易市场价格波动的影响

现有研究指出，可以推动碳交易市场价格波动的外生因素相对较多。

1.2.2.1　基本面因素

国民生产总值、供给和需求这类宏观经济基本面因素以及气候因素是碳交易市场价格波动的重要影响因素。例如，Benz 和 Trück（2009）通过分析 EUA 现货价格的短期变化并发现了 EUA 的供需平衡对其价格变化的显著影响。Lutz 等（2013）采用马尔可夫机制转换模型，揭示了 EUA 期货价格与基本面因素之间的非线性关系是随着时间变化的。他们的研究发现，无论在低波动还是高波动时期，基本面因素都对 EUA 期货价格有着强烈的影响。Koch 等（2014）研究了 EUA 期货价格在 2008—2013 年期间的价格下降是否可以由三个常见的解释因素来证明，这三个解释因素分别是经济衰退、可再生能源政策和国际信贷。他们的

研究发现，只有经济活动的变化以及风能和太阳能发电量的增长可以有力地解释
EUA 期货市场的价格动态。Chevallier 等（2015）通过建立 Threshold-VAR 模型
（TVAR），并使用欧盟 27 国的工业生产指数，证实了工业生产对欧盟碳排放交易
系统中的 EUA 期货价格有明显的正向影响；他们的研究结果表明，工业生产的
增加会导致 EUA 期货价格的上升。Brink 等（2016）的研究也发现，当欧盟的
GDP 增长率从 2.3% 下降到 1.3% 时，EUA 期货价格从 11.1 欧元下降到了 6.7 欧
元；这是因为产量下降将导致对配额的需求减少，从而降低了 EUA 期货价格。
Chung 等（2018）讨论了欧洲工业生产指数、欧洲经济情绪指数和欧洲银行借贷
指数对 EUA 期货市场的影响，并发现它们与 EUA 期货市场的价格变化呈正相关
关系，这意味着这些指标的增加会导致 EUA 期货价格的上升。这些研究表明，
EUA 期货价格受到多种因素的影响，包括基本面因素、经济衰退、可再生能源
政策、国际信贷、工业生产、经济情绪和银行借贷等。这些因素的变化会对 EUA
期货价格产生显著的影响，投资者需要密切关注这些因素的变化以便做出明智的
投资决策。

1.2.2.2 商品市场因素

一些研究发现能源和金属这类大宗商品市场也对 EUA 市场波动率产生了一
定影响。例如，Mansanet-Bataller 等（2011）研究了 EU ETS 和核准的碳减排量
二级市场（sCER）在第二阶段价格变化的影响因素，并发现了 Brent 原油、煤炭
和天然气对 EUA 和 sCER 价格变化的显著影响。张跃军等（2010）的研究表明，
首先石油价格是市场价格变化的重要因素，占据了 37% 的比重；其次是天然气，
占比为 31%，而煤炭仅占 2%；这与欧盟的能源消费结构相吻合。Byun 和 Cho
（2013）研究了能源市场的波动率，包括 Brent 原油、煤炭、天然气和电力，以
确定它们是否包含预测 EUA 期货波动率的重要信息；他们的研究发现，将能源
市场波动率纳入模型可以提高对 EUA 期货波动率的预测性能。Rickels 等
（2015）研究了欧盟碳排放交易计划第二阶段中 EUA 价格动态的潜在决定因
素，并发现 EUA 价格对燃料价格，如煤炭和天然气价格，具有一定的敏感性。
Zhang 和 Sun（2016）采用 DCC-GARCH 模型和 BEKK-GARCH 模型，针对 2008
年 1 月 2 日至 2014 年 9 月 30 日的 EUA 期货价格和三种化石能源价格（煤炭、
天然气和 Brent 原油）的日数据进行了分析；通过检验动态溢出效应，他们揭
示了从煤炭市场到 EUA 市场和从 EUA 市场到天然气市场的单向溢出效应，但
并未发现 EUA 期货市场和 Brent 原油之间存在显著的波动溢出效应。Jiang 和
Chen（2022）研究了不同频域下的金属（金、银、铜和铝）、能源（石油、天
然气和煤炭）和 EUA 市场之间的静态和动态收益溢出效应；他们的研究发现，
金属市场（尤其是铜和银）对后 COVID-19 时期的 EUA 市场价格变化具有较
强的解释力。

综上所述，这些研究表明，石油、天然气和煤炭价格以及金属市场对 EUA 期货价格具有重要影响。

1.2.2.3　金融市场因素

传统金融市场，如债券和股市都被证明是影响 EUA 市场价格波动的重要因素。例如，Chevallier（2009）在讨论 EUA 期货收益与宏观经济条件变化之间的实证关系时发现，可以利用股票股息收益率和"垃圾债券"溢价对碳期货收益率进行弱预测。Zhang（2011）应用协整检验和格兰杰（Granger）因果检验等传统计量经济方法探讨了我国金融发展和碳排放之间的潜在联系；研究发现，中国股票市场规模对碳排放的影响相对较大，但其效率的影响非常有限。Creti 等（2012）研究了欧盟碳排放交易计划的两个阶段中 EUA 价格的决定因素，研究发现原油和股票市场对 EUA 市场价格变化的影响主要体现在第二阶段。Habiba 等（2021）分析了股票市场和金融机构发展对碳排放的影响，研究指出股票市场发展指数减少了全样本和发达国家的碳排放，增加了发展中国家的碳排放；然而，金融机构发展指数增加了全样本和发达国家的碳排放，但对发展中经济体的影响并不显著。Sun 等（2022）从非线性符号动态的角度，利用模式因果关系法研究了中国碳价格和四个能源密集型股票指数之间的三种因果关系，包括正向、负向和暗向因果关系；研究结果表明，两类市场之间存在着弱双向因果关系，表现为一个市场 1% 的波动会引起另一个市场 0.15%~0.3% 的波动。

1.2.2.4　不确定性因素

研究还发现，不同市场的价格波动通常容易受到各种不确定性事件的影响。多个研究指出，能源市场、股票市场和商品市场等多个领域的价格波动受到诸如不确定性事件等因素的显著影响。此外，一些学者发现，基于这些不确定性事件构建的不确定性指数对能源市场、股票市场和商品市场的价格波动具有显著的影响和预测作用。

由于 EUA 市场的波动与能源市场、股票市场和商品市场的价格波动密切相关，以及"碳中和"和减排相关的经济政策制定往往会对碳交易市场产生重要影响，当前的研究已经开始深入探讨 EUA 市场波动率与经济政策不确定性指数之间的关联性。一些研究明确指出，经济政策不确定性对 EUA 市场波动率具有显著的影响作用。这表明在碳市场演变的过程中，经济政策的制定和调整也是影响 EUA 市场波动的重要因素之一。这一研究方向为更全面地理解碳市场的复杂性提供了有益的见解，为未来的市场参与者和政策制定者提供了有力的参考。

基于以上的梳理可以发现，现有研究通常集中在考察单个或者单类因素的预测效果上，较少有研究利用大量预测因素来对碳交易市场波动率进行预测，并探索哪种类型的外生预测因素对 EUA 期货市场波动率更具预测能力。同时，在探索经济政策不确定性对 EUA 市场波动率的影响时，大多数研究主要考察一个综合性的经济政策不确定性指数的影响程度，而综合性的经济政策不确定性指数忽略了国别和分类经济政策不确定性指数的差异化影响。事实上，不同的国家有着不同的经济结构，对碳排放权的需求也存在差异，从而不同国家的经济政策给碳交易市场带来的影响也会有所不同。同时，不同类型的经济政策往往针对不同的经济构成部分构建而成，从而不同类型的经济政策所带来的不确定性可能对 EUA 期货市场的价格波动产生差异化的影响和预测能力。因此，有必要结合能够充分利用多种预测因素的关键信息的研究方法，分别基于国别经济政策不确定性指数和分类经济政策不确定性指数，综合讨论经济政策不确定性对 EUA 期货市场价格波动的预测作用。

为了更全面地分析经济政策不确定性对 EUA 期货市场价格波动的影响，研究者可以考虑以下几个方面的因素：首先，国别经济政策不确定性指数可以反映不同国家之间经济政策的不确定性程度。由于不同国家的经济结构和需求存在差异，其经济政策对碳交易市场的影响也会有所不同。因此，通过引入国别经济政策不确定性指数，可以更好地捕捉到不同国家之间的差异性影响。其次，分类经济政策不确定性指数可以进一步细化不同类型的经济政策对 EUA 期货市场价格波动的影响。不同类型的经济政策往往针对不同的经济构成部分构建而成，因此其对碳交易市场的影响也会有所差异。通过引入分类经济政策不确定性指数，可以更准确地评估不同类型经济政策对 EUA 期货市场价格波动的贡献程度。最后，研究者还可以考虑其他潜在的预测因素，如金融市场的波动、国际油价的变化等，以进一步提高对 EUA 期货市场价格波动的预测能力。

总之，通过综合利用多种预测因素的关键信息，包括国别经济政策不确定性指数和分类经济政策不确定性指数等，可以更全面地探讨经济政策不确定性对 EUA 期货市场价格波动的预测作用。这样的研究方法有助于提高对碳交易市场的理解和预测能力，为投资者和决策者提供更准确的信息和参考依据。

1.2.3　金融预测研究方法的研究进展

现有文献主要针对日间波动率、日内高频波动率和月度波动率进行金融市场波动率的预测研究。对金融市场日间波动率，现有研究主要使用 SV 和 GARCH 模型的多种扩展模型（包括一元和多元扩展模型）来进行波动率的建模和预测研究。例如，Franses 和 Van Dijk（1996）研究了 GARCH 模型和它的两个非线性修正模型在预测每周股票市场波动率方面的表现，这两个模型分别是 Quadratic GARCH（QGARCH）模型和 GJR 模型。近期研究表明，当样本估计中排除极端观察值时，QGARCH 模型在对市场波动进行建模和预测时表现最为出色。在这方面，Wei 等（2010）进行了对 Brent 原油和 WTI 原油市场波动的建模和预测，采用了一系列线性和非线性 GARCH 模型；他们发现，QGARCH 模型能够更好地捕捉长期记忆和非对称波动，尤其是在更长的预测周期内，相较于线性模型，非线性 GARCH 类模型表现出更高的预测精度。另一项研究由 Zhang 等（2022）进行，他们运用考虑了跳跃信息的 GARCH 模型（GARCH-JUMP）来研究比特币期货的引入对比特币市场正常波动和跳跃波动的影响；研究结果显示，在短期内，比特币的正常波动和跳跃波动均呈上升趋势，在中期内则呈相反的方向移动，而在长期内则趋于减少。这表明，比特币市场在引入期货后经历了一定的动荡和波动，同时也揭示了 GARCH 模型在研究市场波动中的重要性，尤其是在考虑跳跃信息的情境下。

这些研究结果强调了对非线性 GARCH 模型和考虑跳跃信息模型的重要性，特别是在预测周期较长的情况下。通过深入研究这些模型的预测效果，可以更好地理解市场波动的动态特征，为投资者和决策者提供更为准确的市场展望，这对于有效应对市场的波动和风险具有重要的实践意义。为了克服传统 GARCH 族模型在处理不同频率数据时的局限性，Engle 和 Rangel 在 2008 年提出了一种创新的模型——GARCH-MIDAS 模型。该模型特别关注了金融市场波动率序列中长期波动性的部分，这部分波动性往往受到一些低频率采样的关键因素影响。GARCH-MIDAS 模型通过将资产价格波动率的波动性分解为短期和长期两个不同的组成部分，从而能够更加精确地捕捉和分析这些波动性。在这个框架下，短期波动性由经典的 GARCH 模型来捕捉，而长期波动性则通过 MIDAS 模型来建模和分析。通过将这些低频采样的影响因素纳入 MIDAS 模型的分析中，研究者能够有效地识别和量化这些因素对高频采样的金融市场波动率的具体影响。

随着时间的推移，GARCH-MIDAS 模型因其在分析和预测金融市场以及能源市场波动性方面的有效性而得到了广泛的应用，特别是在考虑到宏观经济变量和不确定性因素对市场波动性的影响时，该模型展现出了独特的优势。通过这种方法，研究者能够更深入地理解低频采样数据如何影响高频金融市场的波动性，进而为投资决策和风险管理提供了更为坚实的理论基础和实践指导。因此，GARCH-MIDAS 模型不仅在学术界得到了认可，也在实际的金融市场分析和预测中发挥着越来越重要的作用。例如，Girardin 和 Joyeux（2013）利用 GARCH-MIDAS 模型，就我国股市是否长期受到其成交量以及其他因素（如投机和经济基本面）的影响进行了深入讨论，研究结果表明，在我国 A 股市场 2001 年底加入 WTO 之前，呈现出一定的投机性特征。然而，自从加入 WTO 以来，宏观经济基本面及其波动性在 A 股市场中的作用逐渐增大，这说明了在我国 A 股市场演变的过程中，经济基本面对市场波动的影响逐渐显现。此外，Pan 等（2017）运用基于机制转换的 GARCH-MIDAS 模型，探索了宏观经济基本面对于预测石油价格波动的重要性，他们不仅考虑了宏观因素的长期性，还额外考虑了结构性中断的短期作用；研究发现，宏观经济基本面在提供关于未来石油市场波动的有用信息方面发挥着关键作用，这进一步强调了宏观因素在能源市场波动中的重要性。Salisu 等（2022）的研究同样采用了 GARCH-MIDAS 模型，着重探讨了全球金融周期对石油市场波动的预测能力；他们的实证研究结果显示，全球金融周期在样本内和样本外都对石油市场波动率产生着重要的预测信息，从而突显了全球金融环境对石油市场的影响。这一系列研究为深入理解不同市场的波动机制提供了重要的参考，同时也为未来市场预测和风险管理提供了有益的启示。对金融市场条件波动率进行建模和预测的最大不足之处在于，条件波动率的真实值难以界定。目前，现有文献一般以收益率的平方作为真实值，然而一旦相邻两日的收盘价非常接近甚至完全一致，则会给人以当日的波动幅度较小或并无波动的错觉。因此，Andersen 和 Bollerslev（1998）进一步提出用日内高频收益率的平方和（RV）来衡量金融市场真实波动率的方案。研究指出，RV 是对金融市场波动率的稳定和无偏的代理变量。对金融市场 RV，现有文献主要利用 HAR-RV、MIDAS-RV以及它们的多种扩展模型进行波动率的建模和预测研究。此外，值得注意的是，MIDAS-RV 模型在金融市场波动率预测研究中展现出了许多优势，使其成为备受关注的模型之一。这是因为 MIDAS-RV 模型能够利用灵活的函数为滞后的预测因子分配合理的权重，相较于 HAR-RV 模型，它不仅对滞后的预测因子取等权平均，而且更具灵活性。Corsi 等（2009）在 AR 模型的基础上提出了 HAR-RV模型，并指出尽管 HAR-RV 模型在结构上较为简单，没有真正的长记忆特征，但其成功地以一种非常可操作的方式再现了金融收益的主要经验特征，包括长记忆性、肥尾和自相关性，这表明 HAR-RV 模型在捕捉金融市场波动性方面具有一定的实用性。Gkillas 等（2020）运用分位数回归异质自回归已实现波动率模型（QR-HAR-RV），研究了地缘政治风险是否对已实现黄金波动率的样本内和样本外预测具有价值；研究发现，在控制了 EUA 的影响后，地缘政治风险主要在较长的预测范围内具有预测能力，这进一步拓展了我们对波动率预测中外部因素的认识。Chen 等（2022）在 MIDAS-RV 模型的基础上，深入研究了跳跃和杠杆效应在预测中国原油期货的已实现波动率中的作用；他们的研究发现，跳跃和杠杆效应对预测中国原油期货市场 RV 是有用的，且 MIDAS-RV 模型相较于 HAR-RV模型具有更好的预测效果。

　　除了针对日度波动率的 GARCH 族模型和 HAR-RV 模型，对于更长期（月度）波动率的建模和预测研究，传统的自回归 AR 模型也是一种被广泛使用的方法，这种方法在捕捉金融市场长期波动性方面具有一定的效果。同时，Li 等（2022）的研究引入了 MIDAS-RV 模型，将其应用于能源市场月度波动率的预测研究；研究结果显示，相较于常见的 AR 模型，MIDAS-RV 模型在预测能源市场月度波动率方面表现出更好的预测能力，这进一步证明了 MIDAS-RV 模型在更长期时间尺度上的适用性和优越性。这些研究的共同点在于，它们拓展了波动率建模和预测的研究领域，使得不同时间尺度下的金融市场波动性都能够得到更全面和深入的考察。通过比较不同模型在不同时间尺度上的表现，可以更好地理解市场波动的动态特征，为投资者和决策者提供更为准确的市场展望和决策支持。鉴于 EUA 的高频价格数据难以获取，且本书所考虑的预测因素主要是低频抽样的，因此，本书认为有必要采用综合多种模型的方法，结合 GARCH-MIDAS 模型、AR 模型和 MIDAS 模型，对 EUA 市场的日间条件波动率和月度波动率进行综合预测研究。然而，通过以上的综述可以发现，上述模型大多更适用于研究单一预测因素对金融市场波动率的影响和预测能力。当大量预测因素被引入模型时，容易面临过拟合问题，导致对预测或系数估计结果的不够准确。

同时，正如第 1.2.2 节所述，影响 EUA 市场的潜在因素繁多。在如此数据丰富的环境下，投资者和研究人员如何更好地利用大量潜在预测因子中的重要信息，以提高 EUA 波动率预测的准确性，是一个值得深入探讨的问题。面对这种情况，需要发展更为复杂和综合的模型，以有效地捕捉多因素对 EUA 市场波动性的影响。这样的研究方向对于深化我们对 EUA 市场复杂性的理解，为投资者提供更精准的市场预测，具有重要的理论和实践价值。

在应用大量预测因素预测金融市场波动率方面，以下三种方法是常见的。

（1）组合预测方法。它是一种研究中常用的分析手段，最早由 Rapach 等（2010）提出，并得到了广泛应用。该方法的核心思想是充分利用多个潜在预测因子的预测能力，以提高最终预测结果的准确性。在相关研究中，有多种组合预测方法被提出，其中包括平均组合预测（Mean Combination Forecasting，MCF）、中值组合预测（Median Combination Forecasting，MECF）、修正组合预测（Trimmed Combination Forecasting，TCF）以及折扣均方预测误差组合（Discount Mean Square Prediction Error Combination，DMSPEC）等。

这些方法主要通过特定的加权方式，将大量单因子预测模型的结果进行加权平均，从而得到最终的预测结果。研究表明，组合预测方法具有综合考虑多种潜在预测因素的优势，在金融市场波动率或者收益率的预测中表现相对稳健，一些具体的研究案例也进一步证实了组合预测方法的有效性。例如，Ma 等（2018）结合低频和高频波动率模型，发现在有高频数据的情况下，结合低频和高频波动率的模型在统计学和经济学意义上都表现出明显优于其他模型和组合预测模型的预测性能。Ma 等（2018）还通过组合预测方法讨论了一系列指标在预测原油价格波动方面的有效性，发现组合预测方法能够产生具有统计学和经济学意义的结果，并在经济衰退期的表现上优于经济扩展期。

另外，Li 等（2020）的研究进一步补充分析了组合预测方法，发现如果参与组合的大多数变量的预测能力显著，该方法也能对能源市场波动率产生统计上显著的预测效果，这些研究结果共同指向了组合预测方法在不同领域和市场中的广泛适用性和显著性。

（2）降维方法。与组合预测方法相比，降维方法主要通过提取关键信息，即扩散指数，从大量预测因子中获取重要信息，以进一步预测金融市场波动率。其中，主成分分析（Principal Component Analysis，PCA）是一种常用的降维技术，因其能够提取关键信息（扩散指数），在大量预测因子预测金融市场波动率的研究中得到广泛应用。然而，PCA 并未考虑提取出的扩散指数与目标变量之间的联系。

为了解决这一问题，Wold（1966）提出了偏最小二乘回归（Partial Least Squares Regression，PLS），它可以过滤掉与目标变量不相关的内容，从一组预测因子中提取出与目标变量联系更加紧密的扩散指数。研究表明，相比于常规的 PCA 方法，PLS 方法在预测精度上表现更好。Huang 等（2021）提出了缩放的 PCA（Scaled PCA，SPCA），该方法有效地缓解了 PCA 存在的问题，同时结合目标变量为不同预测因子赋予不同权重。

现有研究指出，利用降维方法构建的扩散指数模型对收益率或波动率进行预测，有助于产生相对稳健的预测结果。例如，Wang 等（2022）采用 PCA、PLS 和 SPCA，从全球经济状况和基于新闻的不确定性指数中提取扩散指数，以预测天然气和清洁能源股票市场波动的已实现方差。另外，Zhang 等（2022）从变量显著性和降维的角度利用机器学习方法，通过一个庞大的宏观经济数据库（包括 127 个宏观变量），提高了总体石油市场波动的可预测性。研究发现，受监督的 PCA 扩散指数模型成功地预测了石油市场波动，不论是在样本内还是样本外，这些研究结果强调了降维方法在金融市场预测中的重要性和实用性。

（3）机器学习方法。这为市场和研究人员提供了使用多种潜在预测因素预测能源金融价格或波动的新机会。机器学习方法具有忽略解释变量数量限制的优势，目前金融市场预测研究主要采用 Tibshirani（1996）提出的最小绝对收缩和选择运算符（Least Absolute Shrinkage and Selection Operator，LASSO），以及 Zou 和 Hastie（2005）提出的弹性网络（Elastic Net，ELN）这两种机器学习算法。

LASSO 和 ELN 通过惩罚函数选择影响因素，实现最小平方误差，从而提高波动率预测的准确性。研究指出，机器学习方法在提高波动率预测精度方面表现良好，得到了广泛应用。例如，Zhang 等（2019）比较了组合预测方法和两种流行的机器学习方法，即 LASSO 和 ELN 模型，在预测石油市场价格波动方面的预测能力。研究发现，LASSO 和 ELN 模型的样本外预测性能不仅明显优于单独的 HAR 扩展模型，也优于组合预测方法。另外，Lu 等（2021）在 AR 模型的基础上研究了石油冲击对美国股市的影响，采用了 LASSO 和 MRS-LASSO 模型。研究结果显示，包含马尔可夫机制转换结构的 LASSO 方法在统计上和经济上均提高了预测的准确性。而 Wang 等（2022）在现有研究基础上，利用 LASSO 和 MRS-LASSO 模型进一步研究了分类 EPU 指数对 WTI 和 Brent 原油期货波动率的预测能力，同样发现了 LASSO 和 MRS-LASSO 模型表现出的预测优势。在现有文献中，研究者们主要利用 AR 模型来考察外生预测因子对金融市场月度波动率的可预测性，并在 AR 框架下应用了降维方法、组合预测方法和机器学习方法进行金融市场波动率的预测研究。有关 MIDAS 回归模型的研究表明，在预测金融市场月度波动率方面具有一定的优势。然而，尚未有研究在 MIDAS 回归框架下，结合组合预测方法、降维方法和机器学习方法对 EUA 期货市场波动率进行详细的预测研究。

综上所述，组合预测方法、降维方法和机器学习方法在波动率预测领域都展现了一定的应用潜力。然而，当前的研究尚未深入比较它们在预测 EUA 波动率方面的准确性。这为未来的研究提供了一个有趣的方向，以深化对这些方法在不同市场和框架下的相对效果的理解。可能的研究方向包括结合 MIDAS 回归模型进行 EUA 期货市场波动率预测，并探索如何优化组合预测方法、降维方法和机器学习方法，以提高其在特定市场环境下的预测性能。这将有助于更全面地了解这些方法在金融市场波动率预测中的潜在优势和局限。基于以上梳理，在过去的研究中，学者们主要以 AR 模型为基础，探讨了外生预测因子对金融市场月度波动率的可预测性。同时，研究者们也在 AR 框架下采用了组合预测方法、降维方法和机器学习方法，对不同资产的波动率进行了深入研究。然而，尽管组合预测方法、降维方法和机器学习方法在波动率预测领域有了一定的应用，但在预测 EUA 波动率方面的研究尚显匮乏。对于 EUA 市场的波动性，相关的比较研究仍待深入探讨。同时，值得注意的是，在 MIDAS 回归框架下，结合组合预测方法、降维方法和机器学习方法对 EUA 市场波动率进行系统性的研究也是未被深入挖掘的领域。

未来的研究可以致力于填补这一研究空白，通过比较不同方法在 EUA 波动率预测中的表现，以更全面地了解它们的优势和不足。在 MIDAS 回归框架下，结合组合预测方法、降维方法和机器学习方法，可能为深入理解 EUA 市场波动性的驱动因素提供新的视角。这有助于推动波动率预测方法的发展，并为金融市场参与者提供更准确、全面的市场波动性信息。

1.3　问题的提出及研究意义

1.3.1　问题的提出

基于对国内外研究现状的梳理，可以总结出现有研究的不足之处如下：

（1）通过对现有金融学术研究成果的详尽梳理和分析，可以清晰地观察到，在金融市场的历史波动特性中，存在一些关键性的特征，如波动的非对称性、极端值的出现以及价格的跳跃信息，这些特征对于预测和理解金融市场未来的波动性具有显著的影响和重要的预测价值。但目前，尚未有文献专门针对 EUA 市场，运用 GARCH-MIDAS 模型这一先进的金融计量工具，来探讨这些关键性波动特征如何影响 EUA 市场的未来波动率，并评估其在预测性能方面的表现。GARCH-MIDAS 模型通过结合 GARCH 模型对短期波动性的捕捉能力和 MIDAS 模型对长期波动性的影响因素分析，为研究者提供了一种强有力的工具，以更全面地理解和预测金融市场的波动性。因此，将 GARCH-MIDAS 模型应用于 EUA 市场的研究，不仅能够填补现有文献的空白，还能够为相关领域的研究者和实践者提供新的视角和分析方法。

（2）众多的金融学术研究和实证分析已经明确指出，一系列外生因素对欧盟碳排放权配额（EUA）市场价格波动具有显著的影响力。这些外生因素包括宏观经济指标、政策变化、市场供需状况以及其他相关的环境和社会因素。在这些研究成果的基础上，一些学者通过将这些外生因素纳入模型中，成功地提高了对 EUA 价格波动率的预测准确性。尽管如此，目前的研究在探讨外生因素对碳交易市场波动率的影响时，往往还是集中在分析单一或者某一类别的因素对波动率的预测效果。这种做法虽然能够揭示特定因素的作用，但可能忽视了多种因素相互作用下的复杂性。因此，对于碳交易市场波动率的预测研究，尤其是利用大量不同类型预测因素进行综合预测的研究还相对较少。此外，现有文献中对于不同类型外生预测因素的预测能力比较和评估也不够充分，这限制了我们对于哪些因素在预测碳市场波动率方面更具优势和有效性的理解。

（3）在对欧盟碳排放权配额（EUA）市场波动率影响因素的探索过程中，大量研究集中于评估一个综合性的经济政策不确定性（EPU）指数对市场波动的影响。然而，这种综合性的 EPU 指数可能无法充分捕捉到不同国家之间以及不同类别 EPU 的差异化影响，这在实际分析中可能造成重要信息的遗漏。考虑到各国经济结构的多样性以及对碳排放权需求的差异性，不同国家的经济政策对碳交易市场的影响自然也会有所区别。此外，不同类型的经济政策往往针对特定的经济领域制定，因此它们带来的不确定性可能对 EUA 市场的价格波动产生不同程度的影响。鉴于此，为了更全面地理解和预测 EPU 对 EUA 价格波动的影响，研究者需要采用能够综合利用多种预测因素的关键信息的研究方法。这包括基于不同国家的经济政策不确定性（国别 EPU）和针对不同领域的经济政策不确定性（分类 EPU）进行分析。通过这种方法，研究者可以更细致地探讨不同来源和类型的 EPU 对 EUA 市场波动的具体影响，从而揭示其在预测市场波动性方面的潜在价值。

基于本书的研究背景和现有研究的不足之处，本书拟解决的关键问题如下：

（1）EUA 期货市场历史波动特征中的短期和长期跳跃、非对称性以及极端观察值是否有助于预测其未来波动率？

（2）商品市场、债券市场、股票市场和不确定性这四类潜在预测因子是否对 EUA 期货市场波动率具有预测能力，哪类预测因子的预测能力更强？

（3）能否综合考虑不同国家 EPU 信息的差异化影响，结合组合预测方法和扩散指数方法，更好地利用国别 EPU 指数所包含的预测信息，提高 EUA 期货市场波动率的预测精度？

（4）能否综合考虑不同类型 EPU 信息的差异化影响，结合组合预测方法、扩散指数方法和带有马尔可夫机制转换结构的机器学习方法，更好地利用分类 EPU 指数所包含的预测信息，提高 EUA 期货市场波动率的预测精度？

（5）准确预测 EUA 期货市场波动率，对资产配置和风险管理等工作是否具有实践价值？

1.3.2　研究意义

在理论意义层面，本书综合考察了 EUA 期货市场波动率的历史特征以及多种外生影响因素对其的影响，为 EUA 期货波动率的预测提供了深入的研究。相关研究成果在多个方面具有重要意义：首先，丰富了碳交易市场的波动率预测研究领域，为准确地预测 EUA 期货波动率提供了重要的理论指导。其次，对各种外生因素对 EUA 期货波动率的预测作用进行深入探讨，有助于为各国投资者和决策者提供及时的投资计划调整和政策制定建议，有助于企业决策者合理分配资金，降低企业生产成本，有效规避市场风险，从而在碳交易市场中做出更为明智的决策。

同时，本书结合 GARCH-MIDAS 模型，系统性地探讨了 EUA 期货市场波动率的短期和长期历史波动特征对未来波动率的预测作用。通过应用 AR 模型、MIDAS 模型、组合预测方法、降维技术以及机器学习方法，对各类外生预测因素在 EUA 期货波动率预测中的作用进行了详细讨论。这不仅是对现有计量经济学方法更深层次的应用，也为现有经济管理理论知识提供了新的补充。相关研究成果对欧盟及世界各国碳排放交易体系的进一步完善具有积极作用，为更好地理解和管理碳交易市场的波动性提供了有益的理论支持。

在现实意义层面，温室气体的超额排放已对人类赖以生存的生态系统产生了巨大的负面影响，对全球气候变暖和生态平衡构成严峻挑战。因此，降低温室效应，解决全球变暖问题已经成为当今人类社会急需解决的重要问题。在这一背景下，碳排放交易体系的构建成为一项关键举措，为控制温室气体的排放量、减缓全球变暖提供了一个有效的方案。对碳排放交易体系中最具代表性的 EUA 期货市场波动率进行建模和预测研究，具有直接的政策指导意义。通过深入研究 EUA 期货市场波动率的特征以及主要影响因素，政策制定者能够从中汲取宝贵的经验教训，更好地制定和调整相关政策，以提高碳排放交易体系的有效性。这项研究有助于政策制定者更全面地了解 EUA 市场的波动性，有助于更有针对性地制定措施来应对碳排放的挑战，为全球环保事业做出更为实质性的贡献。

因此，通过对 EUA 期货市场波动率的建模和预测研究，不仅为当前碳排放交易体系的管理提供了实证支持，也为未来的碳交易体系的改进和发展提供了重要的参考。这项研究成果有助于推动全球碳排放治理体系的不断完善，为实现全球环境可持续发展目标做出积极的贡献。此外，我国目前正处于经济发展方式转变的关键时刻，迫切需要全面落实绿色发展理念。为此，我国正在积极实施减排策略，解决能源危机，以及应对极端气候的挑战。在这个背景下，必须着重控制和降低温室气体的排放，促进低碳绿色经济的全面发展。早在 2011 年，一些主要城市如北京、天津、上海等地就启动了碳排放权交易试点工作，为推动低碳经济奠定了基础。在 2020 年 9 月，习近平总书记提出了"双碳"目标，即中国将力争 2030 年前实现"碳达峰"，2060 年前实现"碳中和"。为了实现这一目标，我国于 2021 年 7 月正式启动了碳排放权交易市场，将碳交易作为推动低碳经济转型的核心手段之一。

值得注意的是，由于碳交易的特殊性，它已成为我国政策制定者推动低碳经济转型的核心手段之一。为了更好地理解和应对碳交易市场的波动特征，有必要从国际碳交易市场的经验中汲取教训，以相对成熟的 EUA 期货市场为例进行波动率预测研究，不仅有助于我国政策制定者获取国际经验，还能为进一步完善和发展我国的碳排放交易体系提供有益的参考。

因此，通过借鉴国际经验，有望进一步推动我国碳排放交易体系的完善，促进生态文明建设，推动低碳经济发展转型，最终实现"双碳"目标。这将有助于我国在全球绿色低碳发展的大背景下更好地发挥领导作用，为可持续发展做出更为积极的贡献。

1.4 研究方案及技术路线

1.4.1 研究方案

本书拟采用的研究方案如下：

（1）理论阐述。对现有研究进行梳理，分析研究现状，确定研究框架、内容以及方法。

（2）进行深入的基础性研究，以 GARCH-MIDAS 模型为基础，进一步引入欧盟碳排放权配额（EUA）市场价格波动的历史特征，包括短期和长期的非对称性，以及极端值和跳跃信息。通过这种改进的模型，能够深入研究 EUA 市场的波动率，特别是其短期和长期的历史非对称性、极端观察值和跳跃信息对未来波动率的影响和预测能力。

（3）在考虑外部冲击的情况下，结合现有的研究文献，可以详细梳理和分析可能对欧盟碳排放权配额（EUA）期货市场的波动率具有预测能力的外部因素。这些因素可能包括政策变化、经济指标、天气条件等。之后，在 AR 模型的框架下，可以结合降维技术、组合预测方法和机器学习方法来考察这些潜在的预测因素在实际样本外的预测能力。这不仅可以帮助我们识别哪些因素对 EUA 期货市场的波动率具有更强的预测能力，还可以进一步比较这三种方法在预测 EUA 波动率方面的准确性和有效性。

（4）基于不确定性因素对 EUA 期货市场波动率更具预测能力的实证发现，在 AR 模型的基础上，结合降维技术和组合预测方法，考察国别经济政策不确定性指数在预测 EUA 波动率方面的重要性。

（5）在实证研究中，已经发现不确定性因素对于预测欧盟碳排放权配额（EUA）的波动率具有显著的预测能力。基于这一发现，可以进一步在多频率整合和自回归移动平均模型（MIDAS）的基础上，结合降维技术、组合预测以及机器学习方法，深入探讨分类经济政策不确定性指数在预测 EUA 波动率方面的重要性。同时，还将在 MIDAS 框架下考察各种扩展模型，如 GARCH-MIDAS、SV-MIDAS 等，在预测 EUA 期货市场波动率方面是否能够展现出一定的优势。

（6）根据上述的实证研究结果，可以从两个重要的角度来探讨准确预测欧盟碳排放权配额（EUA）期货波动率的实际价值。首先，从资产配置的角度来看，准确的波动率预测可以帮助投资者和机构更好地构建和调整其投资组合，以实现风险和收益的最优化平衡。其次，从风险规避的角度来看，准确的波动率预测对于风险管理至关重要，它可以帮助相关方有效识别、评估和控制与 EUA 市场相关的各种风险，从而采取适当的策略来规避或降低这些风险。

（7）基于本书的实证发现，为投资者和政府部门提出有针对性的投资决策以及碳交易市场监管建议。

1.4.2　技术路线图

本书的技术路线图如图 1-1 所示。

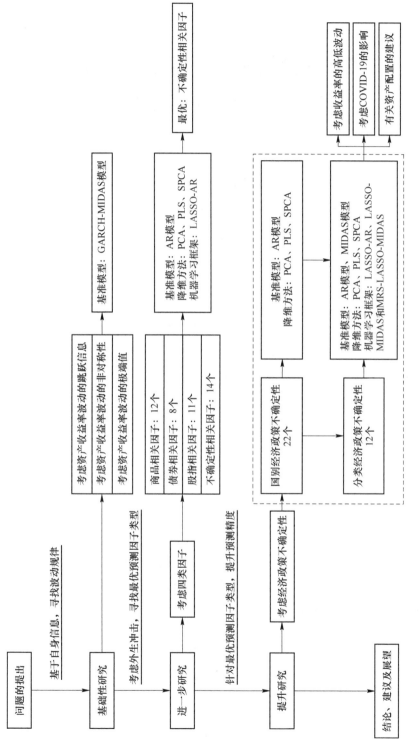

图 1-1 本书技术路线图

2 碳排放权交易市场和研究方法的相关理论

2.1 碳排放权交易市场及其影响因素

2.1.1 碳排放权交易市场的发展现状与展望

经济发展所引发的一系列亟待解决的问题使得人类社会面临着多重挑战。其中，气候变化已经成为全球社会最为紧迫的环境问题之一，对自然环境、人类健康以及世界经济都带来了深远的影响。全球变暖和气候变化的主要原因之一是二氧化碳及其他温室气体的排放，研究表明二氧化碳排放占温室气体排放的80%，在1750—2005年的时间跨度内，气候变化的主要推动力同样是二氧化碳排放。

为了应对温室气体超额排放的问题，全球主要国家共同签署了《京都议定书》。该协议提出了3个适用性强且灵活的减排机制，受到世界各国的广泛认可，全球超过100个国家纷纷签署了该条约。在20世纪90年代，经济学家首次提出了排污权交易的概念，这一概念在市场经济国家内发挥着重要作用，并成为各类环境经济政策的一种广泛应用方式。美国国家环保局在大气层和河流等自然环境污染管理中首次应用了排污权交易政策。受此启发，自1997年《京都议定书》开始，碳交易的概念逐渐崭露头角。

在当前形势下，减排任务主要通过碳排放权交易来实现，这一机制已经成为推动减少温室气体排放的核心政策工具。基于"总量管制与交易"的碳交易机制是指，国家根据减排目标向碳排放企业分配一定的温室气体排放限额。各国企业在不超过这一限额的情况下可以排放温室气体，也可以进行碳排放限额的交易。因此，作为一种基于市场的交易机制，碳交易被视为推动减缓温室气体排放的重要措施。这一政策举措不仅有助于实现国际减排目标，还为各国提供了更为灵活和可持续的途径，以更好地适应不同国情和产业结构的需求。近年来，统计数据显示碳排放交易体系受到了越来越多的关注。尤其在2002—2015年期间，多个国家相继建立了碳排放交易体系，这表明全球对于应对气候变化和控制温室气体排放的努力正在不断加强。各国在减排领域也积极采取行动，其中包括日本在全国范围内建立了自愿性碳排放交易体系（JVETS），同时在国内某些地区设立了地区性的强制性交易体系。我国也在2011年启动了碳排放权交易试点工作，先后在 2013 年、2014 年和 2016 年进行了 8 个碳交易试点，覆盖了北京、上海等地区。进入 2020 年 9 月，习近平总书记提出了我国的"碳达峰"和"碳中和"的"双碳"目标，随后于第二年 7 月，全国碳排放权交易市场正式上线交易。

根据国际碳行动伙伴组织最新发布的《2021 年度全球碳市场进展报告》，截至 2021 年，全球已建成的碳交易系统达到 24 个。这些交易体系所属的国家或地区的 GDP 总量超过了全球总量的一半，涉及的人口总量大约为全球总人口的三分之一。2015 年的国际碳行动伙伴关系现状报告还指出，全球 40% 的 GDP 受制于排放交易，这突显了碳交易在控制人类活动、实现环境保护方面的重要性和潜力。

除此之外，多个新的碳排放交易体系也正准备开始运营。目前，EU ETS 和美国区域温室气体减排倡议（RGGI）等被认为是全球范围内最为重要的碳交易体系。根据数据显示，2019 年全球碳交易市场规模几乎达到 2000 亿欧元，第二年同比增长了 18%，约为 2017 年的 5 倍，碳交易总量达到历史新高（103 亿吨）。值得注意的是，全球碳交易总额的近九成是由欧洲市场贡献的，这表明欧洲在碳交易领域的引领地位以及其在全球碳市场中的巨大影响力。这一趋势不仅反映了国际社会对于碳交易机制的认可，也突显了碳交易在全球应对气候变化挑战中不可或缺的作用。

为了达成《京都议定书》中设定的温室气体减排目标，欧盟在 2005 年 1 月推出了 EUA 期货交易品种，成功建立了全球首个大型的碳排放交易体系——欧盟碳排放权交易体系（EU ETS）。这一体系不仅是全球首个涵盖多国的排放交易系统，而且在全球碳定价的实践中占据着核心地位，其影响力和重要性在欧洲尤为显著。多年来，EU ETS 迅速发展壮大，市场规模和交易量均位居全球首位，成为世界上最大的碳交易市场。它的市场价值不仅远远超过了其他主要的碳交易市场，而且在很大程度上也超越了清洁发展机制（CDM）碳交易市场。

EU ETS 的市场动态被视为全球碳交易市场的重要风向标，其发展趋势和市场状况对全球碳交易市场的价格形成机制有着直接和深远的影响。欧盟碳排放权配额（EUA）是欧盟官方排放额度的正式名称，根据规定，各成员国在减排目标下设定了官方碳排放额度，这些额度可以在市场上自由买卖。企业如果实际排放量超过了配额，就需要购买额外的排放权；如果排放量低于配额，则可以出售超额的排放额度。EUA 期货合约以欧元计价，每个合约的最低交易单位代表 1000 个 EUA。交易 EUA 期货的成员有义务在每年的 4 月 30 日之前，根据上一年度的实际碳排放量，向欧盟的官方登记处交付或接收相应的碳排放额度。

EU ETS 对包括 25 个成员国在内的各种工业部门，如发电厂、建筑材料生产、炼油设施、造纸工业、金属制造等约 12000 个排放设施设定了各自的排放上限。作为全球首个旨在减少温室气体排放的碳交易市场，EU ETS 为欧盟成员国提供了强有力的激励措施，以促进其有效地减少碳排放。自 EUA 期货合约问世以来，EUA 期货市场的波动率受到了学术界、碳密集型行业以及政府机构的高度关注。

EU ETS 的发展历程可以分为四个阶段：第一阶段是 2005—2007 年，第二阶段是 2008—2012 年，第三阶段是 2013—2020 年，以及目前正在进行的第四阶段（2021—2028 年）。至今，欧盟碳排放权交易体系已经经历了前三个阶段的发展，自 2005 年以来，EUA 市场在规模、复杂性、流动性和交易量方面均实现了稳步增长。这一增长不仅推动了对 EUA 分配和定价机制的深入研究，也使得该市场及其相关市场成为政策制定者、交易商和风险管理者关注的焦点。欧盟在其碳排放权交易体系（EU ETS）中采取了灵活的减排策略，允许参与该体系的排放部门根据自身的具体情况，通过清洁能源发展机制（CDM）和联合实施机制（JI），从发展中国家或未参与强制减排任务的国家购买减排信用，以此来完成自己的减排目标。这一策略作为欧盟气候政策的核心组成部分，极大地增加了成员国在实现减排目标时的灵活性和选择性。到 2021 年 11 月，欧洲碳排放基准期货价格达到了历史新高，价格超过了 67 美元，相较于年初约 30 美元的交易价格，增幅超过了 1 倍。这一价格的显著上涨可能由多种因素驱动：首先，联合国气候变化框架公约（COP26）下的气候谈判取得了积极成果，这强化了碳期货市场在全球减排努力中的关键作用；其次，新冠疫情之后，一些国家的货币政策和脱碳投资的大规模放松，如韩国央行的政策，可能也在一定程度上推动了碳价格的上涨。

近年来，随着全球对气候变化问题的关注日益增加，越来越多的研究人员开始将研究焦点转向 EU ETS。EUA 期货的波动性不仅反映了碳交易市场的资产交易信号，而且对于价格发现和波动率预测具有极其重要的意义。对于从事 EUA 期货交易的投机者而言，期货交易的高杠杆特性可以显著放大他们的潜在收益。此外，碳排放权配额的价格对于国家经济的发展和技术进步具有重要的推动作用。同时，为碳排放权配额确定一个合理的价格，对于政策制定者来说至关重要，是因为这有助于激励企业转向更加环保、化石燃料依赖度较低的生产和经营活动。

因此，深入探索碳交易市场可能的影响因素，准确把握市场价格波动的趋势，对于所有的市场参与者、合规交易员、使用价格信息的管理者，以及对冲其投资组合的投机者都具有极其重要的意义。价格的波动不仅反映了市场对于减排成本的边际评估，而且为政策制定者提供了关于气候政策可靠性、稳健性和可预测性的宝贵信息。据此，政策制定者可以对排放上限进行调整，以提高整个交易体系的效率。通过这些研究，可以更好地理解碳市场的运作机制，为全球减排努力提供科学依据和政策建议。

对于全球各国，无论是发达国家还是发展中国家，参与 EUA（欧盟碳排放权配额）期货交易都提供了一种有效的机制，可以在一定程度上缓解由于碳交易市场价格剧烈波动可能带来的经济损失。这种参与不仅有助于国家层面的气候政策实施，也为各类市场参与者提供了风险管理的工具。通过参与 EUA 期货市场，国家和企业能够通过金融衍生品对冲碳价格的不确定性，从而减少潜在的经济风险。

欧盟在气候和能源领域设定了一系列宏伟的目标，这些目标旨在引导成员国走向更加绿色和可持续的发展道路。2020 年的气候和能源一揽子计划中，欧盟设定了 3 个关键目标：与 1990 年水平相比，温室气体排放（GHG）减少 20%，可再生能源（RES）在欧盟能源消费总量中占比达到 20%，以及整体能源效率提高 20%。这些目标的设定，不仅是对成员国的具体要求，也是对全球气候行动的积极贡献。展望 2030 年，欧盟进一步提出了更为严格的目标，包括在 1990 年基础上温室气体排放减少 40%，可再生能源消费占比达到 27%，以及能源节约 27%。这些目标的实现，将对全球碳市场产生深远的影响。

随着 EU ETS 的不断发展和完善，它已经成为全球应对气候变化的重要工具之一，同时也是投资者分散投资风险、寻求新的投资机会的主要选择。EU ETS 的运作机制和市场表现，对于理解全球碳市场的发展趋势、评估气候政策的有效性以及指导相关金融产品的创新都具有重要意义。因此，深入研究碳交易市场，不仅有助于提升市场效率，还能为政策制定者提供宝贵的信息，以便更好地制定和调整相关政策，以应对全球气候变化的挑战。围绕碳交易市场和碳金融的相关问题，已经成为能源经济学和气候变化政策研究领域中的热点话题。

2.1.2　潜在影响因素

随着时间的推移，EUA 期货市场在交易强度、流动性和交易量方面都实现了显著增长，这使得该市场吸引了越来越多的投资者和研究者的目光。碳市场的这种发展趋势不仅为市场参与者提供了新的投资和风险管理工具，也为碳排放权的价格发现和市场效率提供了重要的参考。预期的碳回报对于企业管理者来说是一个重要的指标，它可以帮助他们决定何时购买或出售排放权配额，从而优化企业的碳资产管理。投资者可以通过在传统金融市场和碳交易市场之间合理分配投资组合，实现风险的多元化管理。

从理论上分析，碳排放配额的价格主要由当前碳交易市场的供求关系决定，这种供求关系反映了市场的稀缺程度，碳排放许可量和需求量通常受到宏观经济条件的影响。例如，经济增长往往会导致生产活动和能源消耗的增加，进而增加企业对碳排放配额的需求。在市场碳排放许可量固定的情况下，需求的增加往往会导致碳排放权价格的上涨。这种价格机制对于激励碳密集型企业采取措施减少碳排放具有至关重要的作用，这是因为它通过经济激励促使企业提高能效，采用清洁能源，从而降低整体的碳足迹。

　　然而，碳金融期货市场的价格形成机制具有其特殊性，它不仅包含了商品期货市场的一般特征，还融入了环境保护的元素。这意味着，影响碳价格的因素不仅限于基本面因素，如供求关系和宏观经济条件，还包括了一系列与环境政策、法规变化、技术进步、市场预期等相关的复杂因素。这些因素共同作用于碳市场，影响着碳排放权的价格走势和市场的波动性。因此，对于投资者和政策制定者而言，深入理解这些影响因素，准确预测碳排放价格的走势，对于制定有效的市场策略和气候政策具有重要意义。众多研究文献已经深入探讨了股票市场与碳排放价格之间的复杂关系。这些研究表明，股票市场与碳交易市场之间的相互作用具有重要的理论和实践意义。从理论上分析，股票市场作为反映一个国家或地区经济健康和活力的重要指标，其表现往往能够预示企业盈利能力和股东预期的股息水平。在经济繁荣时期，企业的盈利能力增强，股票市场表现活跃，投资者对于股票的需求增加，从而推高了股票价格。

　　然而，经济活动的增加往往伴随着能源消耗的增长，这可能导致碳排放量的上升。在碳交易市场中，碳排放权的价格反映了市场对于碳排放的边际成本评估。随着碳排放量的增加，碳排放权的价格可能会上升，这反映了市场对于减少碳排放的迫切需求。因此，碳排放权价格的上涨可能会对碳密集型企业产生负面影响，这是因为它们需要购买更多的排放权来覆盖其排放量，增加了它们的运营成本。

　　此外，碳交易市场的发展和碳价格的形成也可能改变企业的经济动机，促使它们采取更加环保的生产方式，以减少碳排放并降低碳成本。这种变化可能会在股票市场上得到反映，这是因为投资者可能会重新评估那些在低碳转型中表现出色企业的价值。企业在碳排放管理方面的努力和成就可能会被视为提高其长期竞争力和市场价值的重要因素。

　　综上所述，股票市场与碳交易市场之间的关系是双向的，并且具有动态变化的特点。股票市场的繁荣可能会推动能源需求和碳排放量的增加，进而影响碳价格；而碳价格的变化又可能通过改变企业的经济动机和生产决策，反过来影响股票市场的表现。这种复杂的相互作用关系要求投资者和政策制定者在考虑投资决策和环境政策时，必须综合考虑这两个市场之间的相互影响。

　　根据广泛的学术研究和文献回顾，商品市场因素被证实是影响碳排放权价格的关键驱动力之一。在这些商品市场因素中，能源市场价格起着至关重要的作用，其中包括传统能源、新能源以及可再生能源等各类能源产品。自20世纪70年代以来，随着空气污染和过量碳排放问题在西方国家逐渐受到重视，这一问题已经成为全球性的共同关切。

　　因此，对环境保护的日益关注加速了能源产业的两个重要发展趋势。首先是碳交易市场的建立，即通过排放交易计划来控制和减少温室气体排放；其次是对可再生和清洁能源技术的积极探索和发展，以寻求更加环保的能源解决方案。在当前的技术水平下，能源消耗与燃料价格之间存在着密切的联系：燃料价格的下降往往会导致能源消耗的增加，进而增加碳排放量。随着对碳排放的需求增长，碳排放权的价格也相应上升。在这样的市场环境下，追求利润最大化的企业将有动力转向使用清洁能源，以减少碳排放并降低整体的生产成本，这一过程体现了碳排放价格与能源价格之间的紧密联系。

此外，金融市场之间的风险溢出效应意味着不同商品市场之间可能存在风险的相互传递和影响。因此，除了能源市场价格之外，其他非能源类商品的市场波动，如金属商品、谷物商品等，也可能对碳排放权市场价格产生间接影响。这些跨市场的影响进一步增加了碳交易市场的复杂性，并对投资者和政策制定者提出了新的挑战，要求他们在制定相关策略时必须考虑到这些复杂的市场动态。随着大宗商品金融化的发展，碳交易市场已经成为投资组合决策中一个有吸引力的替代投资领域。在这个背景下，债券市场通常被认为是一个提供安全性的投资避风港，投资者在面对市场波动时可能会调整其投资组合，从而影响债券市场与碳交易市场之间的价格动态。特别是，近年来绿色债券市场的快速增长，尤其是在欧洲地区，这一趋势表明了市场对于支持环境友好型项目的金融产品的需求正在上升。

学术研究已经证实，绿色债券的发行对公司的声誉、资本成本以及它们的环境足迹和财务业绩都有积极的影响。例如，欧洲电力公司，它们占据了 EU ETS 覆盖排放量的一半，近年来发行的绿色债券数量显著增加，这反映了这些公司在动员债务资金支持低碳项目方面的努力。在碳交易市场波动性较大的环境下，这些公司可以利用绿色债券作为一种有效的工具来管理其碳风险暴露。

绿色债券市场与碳交易市场之间存在复杂的双向互动效应。一方面，如果碳排放受到限制，那么当这些公司发行绿色债券以资助气候变化缓解项目时，可能会引发碳排放泄漏的问题；另一方面，由于绿色项目的投资回报与碳排放价格密切相关，更稳定的碳排放权价格能够创造更稳定的投资回报，从而可能增加对绿色债券的需求。因此，一些研究已经开始探讨债券市场和碳交易市场之间的关系。这些研究表明，债券市场，特别是绿色债券市场，可能对碳交易市场的价格波动产生影响，同时也可能受到碳市场动态的影响，这对于投资者在构建投资组合时考虑碳风险具有重要意义。众多研究已经明确指出，不确定性因素对金融市场具有显著影响。金融市场的波动性往往与不确定性紧密相连，而这种不确定性可能源自多种因素，包括宏观经济状况、政策变动、市场情绪等。金融市场与碳交易市场之间存在内在联系，一些文献也开始探讨不确定性因素，特别是经济政策不确定性对碳交易市场的影响。这些研究表明，经济政策的不确定性不仅对传统金融市场构成影响，也对碳交易市场的稳定性和价格波动产生了重要作用。

经济形势和政策调整对碳排放权的价格波动起着至关重要的作用。经济和政策的频繁变化往往伴随着不确定性的增加，这种不确定性通过多个渠道影响碳交易市场。

第一，由于碳交易市场的运作依赖于政府政策，配额制度直接决定了市场上碳配额的供给情况，从而影响了碳排放权配额期货的价格。

第二，经济政策变化带来的不确定性会影响受监管企业的生产行为和碳排放量，进而改变对碳排放权配额的需求，导致碳排放权配额期货价格的波动。例如，Bel 和 Joseph（2015）发现 2008 年次贷危机引发的经济衰退导致碳排放权配额需求急剧下降，进而导致碳排放权配额价格的暴跌。

第三，经济政策的不确定性还会对能源市场产生影响，而能源市场的波动又会反过来影响碳排放权配额期货市场。一方面，经济和政策因素会影响非清洁能源的价格以及相关企业的生产行为，这将进一步改变碳排放权配额的需求，引发碳排放权配额期货的价格波动。另一方面，在清洁能源技术和环境政策的支持下，企业可能会采用清洁能源替代非清洁能源，这也将改变碳排放权配额的需求，进而影响碳排放权配额期货的价格波动。此外，能源消耗与碳排放密切相关，单位产能的碳排放量减少将导致碳排放权配额需求的降低和碳价格的下降。因此，经济政策不确定性对碳排放权配额期货市场的波动具有重要的解释力，这对于投资者和政策制定者在碳交易市场中的决策具有重要的启示作用。

2.2　研究模型

2.2.1　GARCH-MIDAS 模型

目前，Engle 和 Rangel（2008）提出的 GARCH-MIDAS 模型在预测金融市场波动率的研究中得到了广泛的应用。假设 $r_{i,t}$ 为 t 月第 i 天的对数收益率，那么初始的 GARCH-MIDAS 模型可以表示为：

$$r_{i,t} = \vartheta + \sqrt{\tau_t g_{i,t}}\,\varphi_{i,t} \qquad \forall\, i = 1, \cdots, N_t \qquad (2\text{-}1)$$

$$\varphi_{i,t} \mid \gamma_{i-1,t} \sim N(0,1) \qquad (2\text{-}2)$$

式中，N_t 为第 t 月的天数。

假设 ϑ 为第 t 月第 $i-1$ 天时 $r_{i,t}$ 的条件期望，τ_t 和 $g_{i,t}$ 是两个不同的波动成分，τ_t 为长期波动成分：

$$\tau_t = \rho_{RV} \sum_{m=1}^{M} \mu_m(\omega_1, \omega_2) RV_{t-m} + k \qquad (2\text{-}3)$$

式中，RV_{t-m} 为 $t-m$ 月的已实现波动率，可以定义为：

$$RV_{t-m} = \sum_{i=1}^{N_t} r_{i,t-m}^2 \qquad (2\text{-}4)$$

$\mu_m(\omega_1, \omega_2)$ 为权重项，可被表示为：

$$\mu_m(\omega_1,\omega_2) = \frac{(m/M)^{\omega_1-1}(1-m/K)^{\omega_2-1}}{\sum\limits_{j=1}^{M}(j/M)^{\omega_1-1}(1-j/M)^{\omega_2-1}} \tag{2-5}$$

大多数研究一般设置 $\omega_1 = 1$ 且 $\omega_2 \geqslant 1$，并将式（2-5）化简为：

$$\mu_m(\omega) = \frac{(1-m/M)^{\omega-1}}{\sum\limits_{j=1}^{M}(1-j/M)^{\omega-1}} \tag{2-6}$$

式（2-1）中，$g_{i,t}$ 为短期波动成分，该成分遵循 GARCH(1,1) 过程，即：

$$g_{i,t} = (1-\alpha-\beta) + \alpha\frac{(r_{i,t-1}-\mu)^2}{\tau_t} + \beta g_{i-1,t} \tag{2-7}$$

对这一公式，有 $\alpha > 0$，$\beta > 0$，$\alpha + \beta < 1$ 时。于是，通过短期波动成分与长期波动成分的乘积，可以计算金融市场的条件波动率，即：

$$v_{i,t}^2 = \tau_t \cdot g_{i,t} \tag{2-8}$$

本节主要采用滚动窗口算法进行预测。当有新的观测数据可用时，将估计窗口向前滚动，以产生相应的预测值，则滚动窗口下的 RV 可表示为：

$$RV_i^{(RW)} = \sum_{j=1}^{N} r_{i-j}^2 \tag{2-9}$$

假设第 t 月中有一天为 i，设 $N = 22$ 天，则在第 i 天时，式（2-3）可以表示为：

$$\tau_i^{(RW)} = \varphi_{RV}^{(RW)} \sum_{m=1}^{M} \mu_m(\omega) RV_{i-m}^{(RW)} + k^{(RW)} \tag{2-10}$$

为了表达简洁，本节在下文的方程中省略上标（RW），同时，借鉴 Pan 等（2017）的工作，本节设置 $M = 12$。

2.2.2　AR 模型

对于更长期的波动率，经典的 AR 模型也是预测金融市场波动率的常用方法。根据 Christiansen 等（2012）的研究，该模型可以表示为：

$$RV_{t+1} = \beta_0 + \sum_{i=1}^{p} \beta_i RV_{t-i+1} + \varepsilon_{t+1} \tag{2-11}$$

式中，p 为滞后阶数。

假设误差项服从标准正态分布，月度已实现波动率为式中的 RV_t，可以表示为日度收益率的平方和 $RV_t = \sum\limits_{j=1}^{M} r_{t,j}^2$，其中 M 为第 t 月的交易天数，$r_{t,j}$ 表示第 t 月份第 j 天的收益率，ε_{t+1} 为扰动项。若要考察外生变量 X 对 RV 的影响和预测作用，只需在模型中加入滞后的外生变量 X，构建如下模型即可：

$$RV_{t+1} = \beta_0 + \sum_{i=1}^{p} \beta_i RV_{t-i+1} + \varphi_\alpha X_{t,\alpha} + \varepsilon_{t+1} \tag{2-12}$$

2.2.3　MIDAS 模型

MIDAS 模型也通常被看作波动率预测的基准模型。若要考察外生变量的预测能力，同样可以通过在 MIDAS 模型基础上加入一个外生预测因子项，通过构建 MIDAS-X 模型来实现。因此，MIDAS-RV 模型和 MIDAS-X 模型可以用以下公式表示。

MIDAS-RV：

$$RV_{t+h} = \beta_0 + \beta_{RV} \sum_{i=1}^{K} B(i, \theta_1^{RV}, \theta_2^{RV}) RV_{t-i+1} + \varepsilon_{t+h} \tag{2-13}$$

MIDAS-X：

$$RV_{t+h} = \beta_0 + \beta_{RV} \sum_{i=1}^{K} B(i, \theta_1^{RV}, \theta_2^{RV}) RV_{t-i+1} + \beta_{X,n} \sum_{i=1}^{K} B(i, \theta_1^{X}, \theta_2^{X}) X_{n,t-i+1} + \varepsilon_{t+h}$$
$$\tag{2-14}$$

式中，RV_{t+h} 为未来 h 个月的 RV，$RV_{t+h} = 1/h(RV_{t+1} + \cdots + RV_{t+h})$；$K$ 为 RV 和 X_n 变量的最大滞后阶数；X_n 为外生预测因子；$B(i, \theta_1, \theta_2)$ 为用于对 K 阶滞后的 RV 和 X 序列进行加权的权重项。

根据 Ghysels 等（2006）和 Ma 等（2019）的工作，$B(i, \theta_1, \theta_2)$ 可定义为如下的 Beta 多项式：

$$B(i, \theta_1, \theta_2) = \frac{f\left(\frac{i}{K}, \theta_1, \theta_2\right)}{\sum_{i=1}^{K} f\left(\frac{i}{K}, \theta_1, \theta_2\right)} \tag{2-15}$$

这里 $f\left(\frac{i}{K}, \theta_1, \theta_2\right)$ 是一个用于确保加权项大于 0 的函数，且可通过式（2-16）计算：

$$f(x, a, b) = \frac{x^{a-1}(1-x)^{b-1}\Gamma(a+b)}{\Gamma(a)\Gamma(b)} \tag{2-16}$$

其中，

$$\Gamma(a) = \int_0^{\infty} e^{-x} x^{a-1} dx \tag{2-17}$$

受 Ma 等（2019）和 Lu 等（2020a）工作的启发，本节设 θ_1 为 1。

2.3　样本外检验方法

2.3.1　MCS 检验

参考 Hansen 等（2011）的工作，可以使用 MCS 方法从所有的模型中找到预测性能最好的模型集。MCS 检验的每一次随机过程均通过等效检验（e_{eq}）和消除规则(e_{el})不断地从模型集中剔除劣质模型 M^0，并最终得到最优的模型集 M^*。经过 10000 次的抽检，目标模型进入 M^* 的概率（即 p 值）越高，其样本外预测性能越高。e_{eq} 主要检验以下零假设：

$$H_{0,M}: c_{uv} \leq 0, \quad 对所有的 u,v \in M, M \in M^0 \tag{2-18}$$

当 $c_{uv} = E(d_{uv})$，$d_{uv} = Loss_u - Loss_v$，$Loss_{u,i}$ 和 $Loss_{v,i}$ 分别是模型 u 和模型 v 测得的损耗。本节主要利用以下半二次统计量进行上述等价检验：

$$T_{SQ,uv} = \max \frac{(\overline{d}_{uv})^2}{var(d_{uv})} \tag{2-19}$$

式中，$\overline{d}_{uv}$ 为 d_{uv} 的平均值；$var(d_{uv})$ 为 d_{uv} 的方差。

如果 e_{eq} 拒绝 $H_{0,M}$，e_{el} 将从当前模型集中删除最差的模型，然后重复 e_{eq} 使用剩余的模型进行处理，直到 $H_{0,M}$ 不能被拒绝为止。在消除规则过程中需要删除的模型主要由式（2-20）确定：

$$e_{SQ} = \arg_{u \in M} \max \frac{(\overline{d}_{uv})^2}{var(d_{uv})} \tag{2-20}$$

通过这两个过程，最终的模型集 $\hat{M}^*_{1-\alpha}$ 将完全由"最佳"模型组成。继 Ma 等（2017）和 Zhang 等（2019）的研究之后，本节选择 0.1 作为 p 值的阈值（p 值表示模型进入最佳模型集的概率）。当 p 值大于 0.1 时，对应的模型可以被纳入最优模型集。同时，Hansen 等（2011）认为，p 值越大，对应的模型预测性能越好，这是因为 p 值表示的是模型能够进入"最优"模型集的概率。

2.3.2 DoC 检验

Direction-of-Change（DoC）检验也可以评估样本外预测性能。根据 Degiannakis 和 Filis（2017）、Zhang 等（2020）的研究，DoC 检验方法衡量正确识别波动率变化方向的预测结果所占的比例：

$$DoC = \frac{1}{q} \sum_{i=m+1}^{m+q} D_i \tag{2-21}$$

这里

$$D_i = \begin{cases} 1, 如果\ RV_i > RV_{i-1} 且 \widehat{RV}_i > RV_{i-1} \\ 1, 如果\ RV_i < RV_{i-1} 且 \widehat{RV}_i < RV_{i-1} \\ 0, 其他 \end{cases} \tag{2-22}$$

式中，m 为样本内估计长度；q 为样本外预测长度；i 为第 i 个交易日。

为进行显著性检验，本节使用 Pesaran 和 Timmermann（1990）的检验方法（PT 检验）。当扩展模型的 DoC 值显著大于 0.5 时，表示该扩展模型对波动率变化方向的预测是准确的。

2.3.3 样本外 R_{oos}^2 检验

为了度量外生预测因素的样本外预测能力，Campbell 和 Thompson（2008）提出了样本外 R_{oos}^2 检验，这是一种最流行的方法，可以用于评估竞争模型（$\text{MSPE}_{\text{model}}$）相对于基准模型（$\text{MSPE}_{\text{bench}}$）的均方预测误差（MSPE）减少的程度。$R_{oos}^2$ 可定义如下：

$$R_{oos}^2 = \left(1 - \frac{\text{MSPE}_{\text{model}}}{\text{MSPE}_{\text{bench}}} \right) \times 100\% \tag{2-23}$$

这里 $\text{MSPE}_i = \frac{1}{q} \sum_{t=1}^{q} (RV_t - \widehat{RV}_{t,i})^2$，（$i = \text{model}$，bench），其中 RV_t、$\widehat{RV}_{t,\text{bench}}$ 和 $\widehat{RV}_{t,\text{model}}$ 分别为实际 RV、基准模型预测的 RV 和目标模型预测的 RV。显然，当 R_{oos}^2 为正值时，扩展模型的 MSPE 值低于基准模型，表明其预测效果更佳。为了评估竞争模型和基准模型之间的统计差异，本节还引入了 Clark 和 West（2007）提出的调整后 MSPE 统计检验，这里的零假设是基准模型的 MSPE 值小于或等于竞争模型。因此，调整后的 MSPE（Adj-MSPE）统计量可以通过 $\{f_i\}_{i=1}^{p}$ 得到：

$$f_t = (RV_t - \widehat{RV}_{t,\text{bench}})^2 - (RV_t - \widehat{RV}_{t,\text{model}})^2 + (\widehat{RV}_{t,\text{bench}} - \widehat{RV}_{t,\text{model}})^2 \tag{2-24}$$

此外，还考虑了另一个损失函数，即平均绝对预测误差（MAFE），以削弱离群值的影响。RMAFE 可以定义为：

$$\text{RMAFE}_{\text{gains}} = \left(1 - \frac{\text{MAFE}_{\text{model}}}{\text{MAFE}_{\text{bench}}} \right) \times 100\% \tag{2-25}$$

这里 $\text{MAFE}_i = \frac{1}{q} \sum_{t=1}^{q} \frac{|RV_t - \widehat{RV}_{t,i}|}{RV_t}$，（$i = \text{model}$，bench）。与 R_{oos}^2 类似的是，如果结果为正，则表明竞争模型可以产生更高的预测精度。

2.3.4 DM 检验

另一种比较流行的评估方法是 Diebold-Mariano（1995）的 DM 检验，它被广泛用于检验基准模型与竞争模型之间的相对差异。为了计算 DM 统计量，本节考虑以下两个损失函数：异方差调整均方误差（HMSE）和异方差调整平均绝对误差（HMAE），定义为：

$$\text{HMSE} = q^{-1} \sum_{t=1}^{q} (1 - \widehat{RV}_t / RV_t)^2 \tag{2-26}$$

$$\text{HMAE} = q^{-1} \sum_{t=1}^{q} |1 - \widehat{RV}_t / RV_t| \tag{2-27}$$

则 DM 统计量可以表示为：

$$\mathrm{DM}_i = \frac{\overline{d}}{\sqrt{var(d)}}, \quad i = (\mathrm{HMSE}, \mathrm{HMAE}) \tag{2-28}$$

这里 $\overline{d} = \frac{1}{q}\sum_{t=1}^{q} d_t$, d_t 为 HMSE 与 HMAE 的微分, $var(d)$ 为 d_t 的方差。需要说明的是, 基准模型和竞争模型的 DM 检验的原假设没有差异。

3 EUA 波动率预测研究：基于 EUA 历史波动特征[❶]

3.1 概述

随着全球对气候变化及其潜在影响的认识不断加深，金融学术界对这一领域的兴趣日益浓厚，产生了大量的研究和学术著作。这些研究不仅探讨了气候变化对金融市场的直接和间接影响，还分析了金融市场如何响应和适应气候变化带来的挑战。

与此同时，全球各国政府和国际组织正致力于寻找实现净零碳排放和可持续发展目标的途径。在《巴黎协定》和《京都议定书》等国际环境协议的框架下，碳排放权已经转变为一种独特的金融资产，与传统金融资产有着本质的区别。这一转变促进了全球不同地区以碳排放权为核心的碳交易市场的发展，并推动了碳金融行业的蓬勃兴起。

目前，一个多层次、多维度的碳交易市场体系已经在全球范围内建立起来。在这个体系中，欧盟碳排放权交易体系（EU ETS）被认为是迄今为止最为有效的碳交易体系。EUA 期货作为该体系中的关键金融工具，不仅为企业提供了管理碳排放风险的有效手段，也为交易商提供了参与市场投机的机会。自 2005 年 4 月 EUA 期货合约推出以来，其交易量持续稳步增长，近年来更是呈现出快速增长的趋势，逐渐成为欧盟碳排放交易体系中的主流交易产品。

随着 EUA 期货市场的不断成熟和发展，其商品属性和金融属性都在不断增强，吸引了来自政策制定、市场参与和学术研究等多个领域的关注。这些关注点主要集中在 EUA 期货市场的价格波动上，金融市场波动率的准确描述、建模和预测对于资产定价理论的检验、最优资产组合的选择以及衍生品对冲策略的制定都具有重要意义。因此，提升对 EUA 价格波动率预测效果的能力，对于金融市场的稳定运行和可持续发展具有至关重要的作用。目前已有研究指出，在预测模型中纳入非对称性、极端值和跳跃信息有助于提高金融市场波动率的预测精度。但根据文献调研可知，目前还没有文献全面考察这些历史波动特征成分在提高 EUA 期货市场波动率预测精度方面的作用。因此，本章的主要任务是考察在模

---

❶ 本章主要内容已发表于著名经济学期刊 *Energy Economics*。

型中纳入 EUA 期货价格波动的历史短期和长期非对称性、极端值和跳跃信息是否有助于改善对未来 EUA 期货市场波动的预测。

自 20 世纪末以来，金融学术界和实务界对于如何精确描述和预测金融市场价格波动的研究不断深入，涌现出了许多创新的理论和方法。在这些波动率建模技术中，Bollerslev 在 1986 年提出的广义自回归条件异方差（GARCH）模型及其众多扩展模型已经成为金融波动率研究的重要基准。这些模型在金融市场波动率的建模和预测方面取得了显著成就，但它们的应用主要局限于同频数据，这在一定程度上限制了它们在处理不同频率数据时的适用性和灵活性。

为了克服这一限制，GARCH-MIDAS 模型作为一种创新的波动率建模方法，相比其他传统模型展现出了更优越的预测性能，并能够有效提升波动率预测的准确性。GARCH-MIDAS 模型的一个显著特点是它能够将波动率分解为短期和长期两个组成部分：短期波动率成分通过 GARCH 模型进行捕捉，而长期波动率成分则通过 MIDAS 模型进行建模。这种分解方法不仅使得模型能够处理不同频率的数据，而且还能够更好地捕捉到波动率的动态特征和结构性变化。

GARCH-MIDAS 模型的这种结构设计使其能够克服不同数据抽样频率所带来的复杂性问题，这一点在金融波动率建模领域受到了广泛关注。鉴于 GARCH-MIDAS 模型的这些优势，本节参考了 Wang 等（2020c）和 Li 等（2021）的研究工作，通过对比 GARCH-MIDAS 及其包含非对称性、极端值和跳跃信息的扩展模型的预测精度，检验欧盟碳排放权配额（EUA）期货市场的短期和长期历史波动特征对其未来波动率的预测能力。通过这种比较分析，可以更深入地理解 EUA 期货市场波动率的动态特性，为金融市场的参与者提供更为精确的波动率预测工具，从而在风险管理和投资决策中发挥重要作用。

3.2 研究方法

3.2.1 考虑波动率的非对称性

现有文献表明，使用 GARCH 模型并引入波动率的非对称性有助于更好地预测条件波动率。因此，在 Wang 等（2020b）和 Li 等（2021）研究的基础上，本节通过引入波动率的非对称性来扩展基准模型。在短期非对称性方面，本节将式（2-7）中的 GARCH(1,1) 模型替换为如下的 GJR(1,1) 形式：

$$g_{i,t} = \kappa + \left[\alpha + \gamma \cdot I(r_{i-1,t} < 0) \right] \frac{(r_{i-1,t} - \mu)^2}{\tau_t} + \beta g_{i-1,t} \qquad (3-1)$$

式中，γ 为非对称系数；$I(\cdot)$ 为示性函数，即如果圆括号中的条件得到满足，则 $I(\cdot) = 1$，否则 $I(\cdot) = 0$。

在长期非对称性方面，本节考虑了三种不同的扩展方式。

第一种扩展方式是通过分解每月的 RV 来进行扩展。本节使用对数收益率来区分月度的正向和负向半方差，并使用下列方程来对长期波动率进行建模：

$$\tau_i = \varphi^+ \sum_{m=1}^{M} \mu_m(\omega) RS_{i-m}^+ + \varphi^- \sum_{m=1}^{M} \mu_m(\omega) RS_{i-m}^- + k \tag{3-2}$$

式中，$RS_{i-m}^+ = \sum_{j=1}^{N} r_{i-m-j}^2 \cdot I(r_{i-m-j} > 0)$ 和 $RS_{i-m}^- = \sum_{j=1}^{N} r_{i-m-j}^2 \cdot I(r_{i-k-j} < 0)$ 可以分别捕捉收益率的正向变化和负向变化。

第二种扩展方式主要通过在式（2-3）中加入长期杠杆来定义长期波动率：

$$\tau_i = \varphi_{RV} \sum_{m=1}^{M} \mu_m(\omega) RV_{i-m} + \varphi_L \sum_{m=1}^{M} \mu_m(\omega) RV_{i-m} \cdot I(R_{i-m} < 0) + k \tag{3-3}$$

这里，$R_{i-m} = \sum_{j=1}^{N} r_{i-m-j}$。

第三种扩展方式是式（3-2）和式（3-3）的结合，可以写成：

$$\tau_i = \varphi^+ \sum_{m=1}^{M} \mu_k(\omega) RS_{i-m}^+ + \varphi^- \sum_{m=1}^{M} \mu_m(\omega) RS_{i-m}^- +$$
$$\varphi_L \sum_{m=1}^{M} \mu_m(\omega) RV_{i-m} \cdot I(R_{i-m} < 0) + k \tag{3-4}$$

3.2.2 考虑波动率的极端值

最近的研究也考察过极端值在波动建模和预测中的作用。为了考虑短期极端值对 EUA 价格波动的影响，本节参考 Wang 等（2020）的做法，在式（2-7）中加入一个阈值结构，并将该式改写为：

$$g_{i,t} = \left\{ 1 - \alpha - \beta - \gamma^{+,*} \cdot I(r_{i-1,t} > Th_p) - \gamma^{-,*} \cdot I(r_{i-1,t} < Th_n) + \right.$$
$$\left. [\alpha + \gamma^{+,*} \cdot I(r_{i-1,t} > Th_p) + \gamma^{-,*} \cdot I(r_{i-1,t} < Th_n)] \frac{(r_{i-1,t} - \mu)^2}{\tau_t} \right\} + \beta g_{i-1,t}$$
$$\tag{3-5}$$

式中，$\alpha + \beta + \gamma^{+,*} \cdot I(r_{i-1,t} > Th_p) + \gamma^{-,*} \cdot I(r_{i-1,t} < Th_n) < 1$，$Th_p$ 和 Th_n 是阈值，$Th_p = U(z_p)$，$Th_n = U(z_n)$，$U(\cdot)$ 代表 $r_{i,t}$ 分位数。为捕获历史价格波动中的极端值，本节设置 $z_p = 0.9$ 和 $z_n = 0.1$。

对于长期极限，本节参考 Wang 等（2020）的做法，将式（2-3）扩展为：

$$\tau_i = \varphi_{RV}^0 \sum_{m=1}^{M} \mu_m(\omega) RV_{i-m}^0 + \varphi^{+,*} \sum_{m=1}^{M} \mu_m(\omega) RS_{i-m}^{+,*} + \varphi^{-,*} \sum_{m=1}^{M} \mu_m(\omega) RS_{i-m}^{-,*} + k$$
$$\tag{3-6}$$

式中，$RV_{i-m}^0 = \sum_{j=1}^{N} r_{i-m-j}^2 \cdot I(Th_n \leqslant r_{i-m-j} \leqslant Th_p)$ 是常规 RV，即不包含极端观察值的 RV，$RS_{i-m}^{+,*} = \sum_{j=1}^{N} r_{i-m-j}^2 \cdot I(r_{i-m-j} > Th_p)$ 和 $RS_{i-m}^{-,*} = \sum_{j=1}^{N} r_{i-m-j}^2 \cdot I(r_{i-m-j} < Th_n)$ 是

已实现极端方差，分别用于捕获极端正向波动和极端负向波动。

3.2.3 考虑波动率的跳跃信息

许多学者还发现，金融市场价格波动存在跳跃特征，且这种跳跃特征对未来的市场波动率有着显著影响。因此，本节进一步在基准 GARCH-MIDAS 模型中纳入了跳跃信息，构建了一系列跳跃扩展模型。首先，参考 Vlaar 和 Palm（2015）的工作，本节引入了短期跳跃信息，通过调整式（2-1）构成了短期跳跃扩展的 GARCH-MIDAS 模型如下：

$$r_{i,t} = \vartheta + \sqrt{\tau_t g_{i,t}} \varphi_{i,t} + \sum_{s=1}^{N_{i,t}^J} e_{i,t,s}, \quad \forall\, i = 1, \cdots, N_t \tag{3-7}$$

$$e_{i,t,s} \mid \gamma_{i-1,t} \sim N(\upsilon, \delta^2) \tag{3-8}$$

$$P(N_{i,t} = j) = \frac{e^{-\lambda} \lambda^j}{j!} \tag{3-9}$$

式（3-7）中，$N_{i,t}^J$ 为跳跃频率，遵循式（3-9）中所示的泊松分布；$e_{i,t,s}$ 为条件跳跃幅度。

其次，进一步介绍长期波动成分的三个扩展模型。

首先，参考 Li 等（2021）的工作，本节使用 Andersen 等（2007）的方法定义长期跳跃分量，并将式（2-10）扩展为：

$$\tau_i = \varphi_{RV} \sum_{m=1}^{M} \mu_m(\omega) RV_{i-m} + \varphi_{LJ} \sum_{m=1}^{M} \mu_m(\omega) LJ_{i-m} + k \tag{3-10}$$

式中，$LJ_{i-m} = \max(RV_{i-m} - BPV_{i-m}, 0)$，$BPV_{i-m} = (\sqrt{2/\pi})^{-2} \sum_{j=2}^{N} |r_{i-m-j-1}| |r_{i-m-j}|$ 是已实现双幂次变差。

其次，本节利用 Patton 和 Sheppard（2009）的方法定义长期跳跃，并将式（2-3）扩展如下：

$$\tau_i = \varphi_{BPV} \sum_{m=1}^{M} \mu_m(\omega) BPV_{i-m} + \varphi_{SJ} \sum_{m=1}^{M} \mu_k(\omega) SJ_{i-m} + k \tag{3-11}$$

式中，$SJ_{i-k} = RS_{i-k}^+ - RS_{i-k}^-$。

最后，进一步参考 Patton 和 Sheppard（2009）的工作，将式（2-3）扩展为：

$$\tau_i = \varphi_{BPV} \sum_{m=1}^{M} \mu_m(\omega) BPV_{i-m} + \varphi_{SJ}^+ \sum_{m=1}^{M} \mu_m(\omega) SJ_{i-m}^+ + \varphi_{SJ}^- \sum_{m=1}^{M} \mu_m(\omega) SJ_{i-m}^- + k \tag{3-12}$$

式中，$SJ_{i-m}^+ = (RS_{i-m}^+ - RS_{i-m}^-) \cdot I(RS_{i-m}^+ - RS_{i-m}^- > 0)$ 且 $SJ_{i-m}^- = (RS_{i-m}^+ - RS_{i-m}^-)$，$I(RS_{i-m}^+ - RS_{i-m}^- < 0)$ 表示波动率在不同方向（正和负）发生了符号跳跃。

基于上述扩展，表 3-1 和表 3-2 总结了本章将使用的所有预测模型。

表 3-1 目标模型的描述

模 型 名 称	基于拓展的因素
GARCH-MIDAS	基准模型
GJR-MIDAS	非对称性
GARCH-MIDAS-LAS	非对称性
GARCH-MIDAS-LLEV	非对称性
GARCH-MIDAS-LAS-LEV	非对称性
GJR-MIDAS-LAS	非对称性
GJR-MIDAS-LEV	非对称性
GJR-MIDAS-LAS-LEV	非对称性
GARCH-MIDAS-SEX	极端值
GARCH-MIDAS-LEX	极端值
GARCH-MIDAS-SEX-LEX	极端值
GARCH-MIDAS-JUMP	跳跃信息
GARCH-MIDAS-LJ	跳跃信息
GARCH-MIDAS-LSJ	跳跃信息
GARCH-MIDAS-LASSJ	跳跃信息
GARCH-MIDAS-JUMP-LJ	跳跃信息
GARCH-MIDAS-JUMP-LSJ	跳跃信息
GARCH-MIDAS-JUMP-LASSJ	跳跃信息

表 3-2 标准基准模型的特征及其扩展

模 型 名 称	短期非对称	短期极端	短期跳跃	长期非对称	长期极端	长期跳跃	收益率公式	短期成分公式	长期成分公式
GARCH-MIDAS							(2-1)	(2-7)	(2-10)
GJR-MIDAS	√						(2-1)	(3-1)	(2-10)
GARCH-MIDAS-LAS				√			(2-1)	(2-7)	(3-2)
GARCH-MIDAS-LLEV				√			(2-1)	(2-7)	(3-3)
GARCH-MIDAS-LAS-LEV				√			(2-1)	(2-7)	(3-4)
GJR-MIDAS-LAS	√			√			(2-1)	(3-1)	(3-2)

续表3-2

模 型 名 称	短期非对称	短期极端	短期跳跃	长期非对称	长期极端	长期跳跃	收益率公式	短期成分公式	长期成分公式
GJR-MIDAS-LEV	√			√			(2-1)	(3-1)	(3-3)
GJR-MIDAS-LAS-LEV	√			√			(2-1)	(3-1)	(3-4)
GARCH-MIDAS-SEX		√					(2-1)	(3-1)	(2-10)
GARCH-MIDAS-LEX					√		(2-1)	(2-7)	(3-6)
GARCH-MIDAS-SEX-LEX		√			√		(2-1)	(3-5)	(3-6)
GARCH-MIDAS-JUMP			√				(3-7)	(2-7)	(2-10)
GARCH-MIDAS-LJ						√	(2-1)	(2-7)	(3-10)
GARCH-MIDAS-LSJ						√	(2-1)	(2-7)	(3-11)
GARCH-MIDAS-LASSJ						√	(2-1)	(2-7)	(3-12)
GARCH-MIDAS-JUMP-LJ			√			√	(3-7)	(2-7)	(3-10)
GARCH-MIDAS-JUMP-LSJ			√			√	(3-7)	(2-7)	(3-11)
GARCH-MIDAS-JUMP-LASSJ			√			√	(3-7)	(2-7)	(3-12)

注：在第 2~7 列中，各扩展模型的波动率特征用"√"表示；第 8~10 列列出了每个模型对应的主要公式编号。

3.3 数据

本节的目标是运用前文所述的波动率模型探讨 EUA（欧洲联盟碳排放配额）期货市场的短期和长期历史非对称性、极端值和跳跃信息在提升对未来波动率预测准确性方面的潜在价值。为了实现这一目标，本节从 Wind 数据库中获取了 2005 年 4 月 4 日至 2021 年 7 月 5 日期间的每日 EUA 期货价格数据，共计 4120 个样本观测值。如图 3-1 所示，EUA 期货价格的趋势揭示了其在 2006—2008 年期间经历了较大的波动，随后在 2010 年左右进入了一段相对稳定的时期。尽管如此，EUA 市场仍然面临着一系列挑战。首先，如何将运输、供热等更多行业纳入碳定价机制仍然是一个待解决的问题；其次，碳排放价格的上涨遭遇了行业的阻力，这是因为企业担心其国际竞争力受损，而消费者则不愿承担更高的碳成本，这可能会减少他们的可支配收入。尽管在 21 世纪 20 年代初，由于新冠疫情对经济活动的影响，EUA 期货价格有所下降，但随着欧盟推动的"绿色复苏"目标并提升了 2030 年的减排目标，EUA 期货价格在之后又出现了回升。

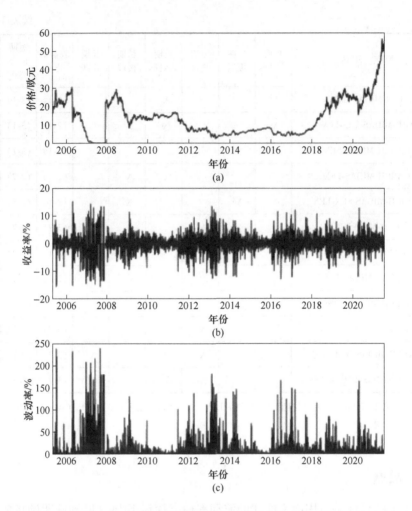

图 3-1　EUA 期货价格、收益率和波动率的时间序列
(a) 价格；(b) 收益率；(c) 波动率

　　然而，尽管 EUA 期货收益率有所波动，但总体上仍保持了相对稳定的趋势。图 3-1 中使用 EUA 期货的对数收益率作为真实波动率的代理变量，展示了 EUA 期货价格、收益率和波动率的表现。表 3-3 提供了 EUA 期货收益率的描述性统计数据，结果显示收益率分布呈现左偏，具有明显的尖峰和胖尾特征。此外，Jarque-Bera 统计量显著大于零，这在统计上强烈拒绝了 EUA 期货收益率符合正态分布的假设。通过 ADF（Augmented Dickey-Fuller）检验，可以确认 EUA 期货收益率序列是平稳的。此外，Q(5)、Q(10)和 Q(22)检验的统计量拒绝了 EUA 期货收益不存在自相关的原假设。同时，ARCH(5)、ARCH(10)和 ARCH(22)的统计数据也表明，GARCH 族模型是适合用于对 EUA 期货市场波动率进行建模的。

表 3-3 EUA 期货收益率的描述性统计

Mean	Std.	Skew.	Kurt.	J-B	ADF
-0.046	3.189	-0.318	6.248	1881.045[①]	-64.155[①]

Q(5)	Q(10)	Q(22)	ARCH(5)	ARCH(10)	ARCH(22)
22.191[①]	29.001[①]	74.290[①]	496.141[①]	579.3308[①]	633.4933[①]

①表示零假设在 1% 显著性水平下被拒绝。

3.4 实证结果

3.4.1 样本内估计结果

本节主要关注样本内估计结果和样本外预测评估结果。首先分析了所有模型的样本内系数估计结果，包括基准模型及其 17 个扩展模型。图 3-2 展示了一个时间序列图集，给出了所有模型的样本内波动率拟合结果。第一个是基准模型 GARCH-MIDAS 的拟合结果，其他是本章中涉及的 17 个扩展模型的拟合结果。图 3-2 中，虚线表示 EUA 期货市场波动率的真实值，实线表示波动率的拟合值。本节将每个预测模型的波动率拟合结果与 EUA 期货市场的真实波动率单独展示。结果表明，所有预测模型估计出的波动率结构都有与真实波动率大致一致的变化趋势。

以下分别列出了三类扩展模型的系数估计结果，可以发现，扩展模型的大多数系数都是显著的，说明使用这些模型在描述 EUA 期货波动方面均是合适的。表 3-4 给出了基准模型及其 7 个非对称扩展模型的系数估计结果。在 GJR-MIDAS 模型、GJR-MIDAS-LAS 模型、GJR-MIDAS-LEV 模型和 GJR-MIDAS-LAS-LEV 模型中，短期非对称效应显著为正，这表明 EUA 期货市场的条件波动率在短期内更容易受到负观测值的影响。对于长期非对称系数 φ^+，GARCH-MIDAS-LAS 模型、GARCH-MIDAS-LAS-LEV 模型、GJR-MIDAS-LAS 模型和 GJR-MIDAS-LAS-LEV 模型的估计结果均显著为正。同样的，在 GARCH-MIDAS-LAS 模型、GARCH-MIDAS-LAS-LEV 模型和 GJR-MIDAS-LAS 模型中，系数 φ^- 均显著为正，而在 GJR-MIDAS-LAS-LEV 模型中则不显著。总之，从表 3-4 ~ 表 3-6 可以看到，短期和长期的非对称性都对 EUA 期货市场波动产生了显著的影响。

表 3-5 展示了 GARCH-MIDAS 模型的 3 个基于极端观察值的扩展模型的样本内系数估计结果。表 3-5 中，GARCH-MIDAS-SEX 模型和 GARCH-MIDAS-SEX-LEX 模型的系数 $\gamma^{+,*}$ 显著小于 0，说明短期极端值会导致 EUA 期货市场波动的减弱，这反映了碳交易体系的特殊性。而代表长期极端值的参数 $\varphi^{+,*}$ 和 $\varphi^{-,*}$ 显

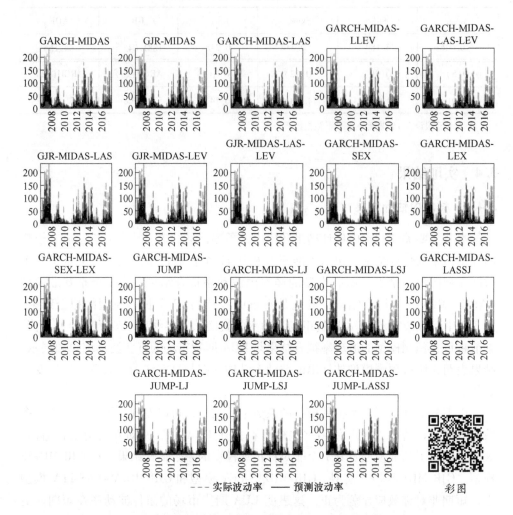

图 3-2　基准模型及其非对称扩展模型的样本内波动率估计结果

著大于 0，这一结果说明，两个方向（正和负）的长期极端价格波动均会导致更剧烈的 EUA 市场价格波动。总之，极端观察值（短期和长期）对 EUA 期货市场的价格波动具有驱动作用。

对于跳跃信息对 EUA 期货市场价格波动的影响，表 3-6 给出了 GARCH-MIDAS 模型的 7 个基于跳跃信息的扩展模型的样本内系数估计结果。从 4 个模型中显著为正的短期跳跃强度参数 λ 可以推断出 EUA 期货价格波动会受到其短期跳跃行为的影响。GARCH-MIDAS-LJ 模型和 GARCH-MIDAS-JUMP-LJ 模型的长期跳跃系数 φ_{LJ} 为负，且 φ_{SJ}、φ_{SJ}^+ 和 φ_{SJ}^- 明显为正（>0），φ_{SJ}^+ 大于 φ_{SJ}^-。综上所述，

表3-4 基准模型及其7个非对称扩展模型的样本内系数估计结果

模　型	μ	α	β	γ	φ_{RV}	φ^+	φ^-	φ_L	ω	k
GARCH-MIDAS	0.007	0.141①	0.763①		0.040①				12.343①	1.736①
	(0.044)	(0.015)	(0.030)		(0.003)				(2.355)	(0.299)
GJR-MIDAS	-0.040	0.073①	0.758①	0.130①	0.038①				10.957①	1.649①
	(0.045)	(0.013)	(0.027)	(0.020)	(0.003)				(1.854)	(0.283)
GARCH-MIDAS-LAS	0.004	0.140①	0.764①			0.030①	0.047①		11.795①	1.810①
	(0.045)	(0.015)	(0.031)			(0.008)	(0.007)		(2.345)	(0.323)
GARCH-MIDAS-LLEV	0.005	0.140①	0.764①		0.032①			0.010	11.983①	1.865①
	(0.044)	(0.015)	(0.031)		(0.006)			(0.007)	(2.425)	(0.335)
GARCH-MIDAS-LAS-LEV	0.005	0.140①	0.765①			0.031①	0.035①	0.009	11.905①	1.866①
	(0.045)	(0.015)	(0.031)			(0.009)	(0.015)	(0.011)	(2.411)	(0.335)
GJR-MIDAS-LAS	-0.039	0.068①	0.762①	0.138①		0.053①	0.027①		11.717①	1.569①
	(0.045)	(0.013)	(0.027)	(0.021)		(0.009)	(0.006)		(1.969)	(0.295)
GJR-MIDAS-LEV	-0.040	0.073①	0.758①	0.130①	0.036①			0.002	10.841①	1.675①
	(0.045)	(0.013)	(0.028)	(0.021)	(0.005)			(0.007)	(1.886)	(0.304)
GJR-MIDAS-LAS-LEV	-0.039	0.065①	0.768①	0.143①		0.058①	-0.003	0.022②	11.247①	1.710①
	(0.045)	(0.013)	(0.027)	(0.021)		(0.010)	(0.018)	(0.012)	(2.044)	(0.318)

注：括号中的数字是标准误差。
①②分别表示零假设在1%和10%显著性水平下被拒绝。

表 3-5　考虑极端值的扩展型的样本内系数估计结果

模型	μ	α	β	$\gamma^{+,*}$	$\gamma^{-,*}$	θ_{RV}	θ_{RV}^{0}	$\varphi^{+,*}$	$\varphi^{-,*}$	ω	k
GARCH-MIDAS-SEX	-0.064 (0.041)	0.175① (0.022)	0.756① (0.030)	-0.093① (0.022)	0.000 (0.024)	0.024① (0.004)				12.790 (2.429)	0.911① (0.294)
GARCH-MIDAS-LEX	0.006 (0.045)	0.141① (0.015)	0.765① (0.031)				0.067① (0.016)	0.031① (0.010)	0.041① (0.007)	11.968 (2.515)	0.894① (0.505)
GARCH-MIDAS-SEX-LEX	-0.088② (0.043)	0.159① (0.020)	0.759① (0.030)	-0.080① (0.021)	0.023 (0.025)		0.043① (0.014)	0.032② (0.009)	0.022② (0.006)	12.880 (2.570)	0.672③ (0.383)

注：括号展示了标准误差。
①②③分别表示零假设在1%、5%和10%显著性水平下被拒绝。

表 3-6　跳跃扩展型的样本内系数估计结果

模型	μ	α	β	δ	ν	λ	φ_{RV}	φ_{BPV}	φ_{LJ}	φ_{SJ}	φ_{SJ}^{+}	φ_{SJ}^{-}	ω	k
GARCH-MIDAS-JUMP	0.058 (0.041)	0.132① (0.040)	0.837① (0.044)	4.089① (0.430)	-1.517① (0.459)	0.092① (0.020)	-0.002 (0.022)						32.982 (0.212)	2.630① (0.099)
GARCH-MIDAS-LJ	0.011 (0.044)	0.137① (0.014)	0.778① (0.027)				0.047① (0.004)		-0.057① (0.007)				9.002 (1.590)	1.793① (0.301)
GARCH-MIDAS-LSJ	0.016 (0.041)	0.134① (0.009)	0.847① (0.010)					0.088① (0.021)		0.056② (0.028)			1.784① (0.308)	0.012 (0.667)
GARCH-MIDAS-LASSJ	0.017 (0.044)	0.127① (0.008)	0.869① (0.008)					0.128 (0.106)			1.120 (0.827)	0.096 (0.119)	1.132① (0.207)	-0.032 (3.788)
GARCH-MIDAS-JUMP-LJ	0.055 (0.043)	0.133① (0.036)	0.730① (0.050)	4.234① (0.537)	-1.613① (0.547)	0.086① (0.026)	0.028 (0.027)		-0.033 (0.051)				16.068① (2.768)	0.788① (0.245)
GARCH-MIDAS-JUMP-LSJ	-0.149① (0.045)	0.164 (0.136)	0.835① (0.136)	2.126① (0.188)	-0.043 (0.176)	0.180① (0.057)		0.436 (0.415)		0.667 (0.513)			1.259① (0.206)	-0.019 (1.278)
GARCH-MIDAS-JUMP-LASSJ	0.018 (0.045)	0.143 (0.136)	0.857① (0.322)	3.635① (0.352)	-0.079 (0.382)	0.099① (0.021)		-0.076 (0.280)			1.057 (1.644)	-1.520 (1.559)	0.949① (0.067)	0.112 (20.959)

注：括号内显示了标准误差。
①②分别表示零假设在1%和5%显著性水平下被拒绝。

长期跳跃信息对 EUA 期货市场价格波动也具有显著影响，正向长期跳跃信息对 EUA 期货市场波动的影响程度大于负向跳跃信息。

3.4.2 样本外检验结果

从上文的样本内系数估计结果可以清楚地看出，短期和长期的非对称性、极端值和跳跃信息对 EUA 期货市场的价格波动均有很大的影响。但对于市场参与者来说，他们更关心的是这些指标在预测 EUA 期货市场价格波动方面的表现。实际上，在具体的经济活动中，他们最关心的是一个模型能否很好地预测未来的价格变化。因此，本节将整个样本区分为一个初始样本内部分和一个样本外预测部分，并评估所考虑模型的样本外预测性能。本节选取整个样本前 75% 的观测值，即前 3090 个观测值，用于初始样本内估计，其余 25% 的观测值用于进行样本外预测评估。本节采用滚动窗口的预测方法。

图 3-3 显示了一个时间序列图集，它显示了本节使用的所有模型的样本外波动率预测结果，模型主要包括基准模型和 17 个扩展模型。图 3-3 中，虚线表示 EUA 期货市场波动率的真实值，实线表示模型预测出的波动率。本节将每个模型的预测结果与实际的 EUA 期货市场价格波动画在一个单独的图上。结果表明，所有预测模型预测的波动率与真实波动率的变化趋势基本一致。

接着，本节利用 MCS 检验和 DoC 检验对以上样本外预测结果进行样本外预测评估。根据 Diebold 和 Lopez（1996）以及 Wang 等（2016）的研究，本节使用三种常用的损失函数度量损失序列。它们分别为：

$$\text{QLIKE} = \frac{1}{q} \sum_{t=1}^{q} \left[\ln(\hat{v}_t^2) + v_t^2/\hat{v}_t^2 \right] \tag{3-13}$$

$$\text{MSE} = \frac{1}{q} \sum_{t=1}^{q} (v_t^2 - \hat{v}_t^2)^2 \tag{3-14}$$

$$\text{MAE} = \frac{1}{q} \sum_{t=1}^{q} |v_t^2 - \hat{v}_t^2| \tag{3-15}$$

式中，$\hat{v}_t^2$ 为预测的波动率；v_t^2 为真实的波动率。

在本节中，对 EUA 期货市场的波动率预测模型进行了深入的比较分析，特别是针对非对称性、极端值和跳跃信息的扩展模型。通过 MCS（Model Confidence Set）检验的结果，可以对这些模型的预测性能进行评估。表 3-7 详细展示了 MCS 检验的结果。首先，对于包含非对称效应的扩展模型（Panel A），GJR-MIDAS-LAS-LEV 模型表现出了最佳的预测能力，其 p 值达到了 1.000，显著高于其他竞争模型，这表明在预测 EUA 波动率方面，GJR-MIDAS-LAS-LEV 模型具有

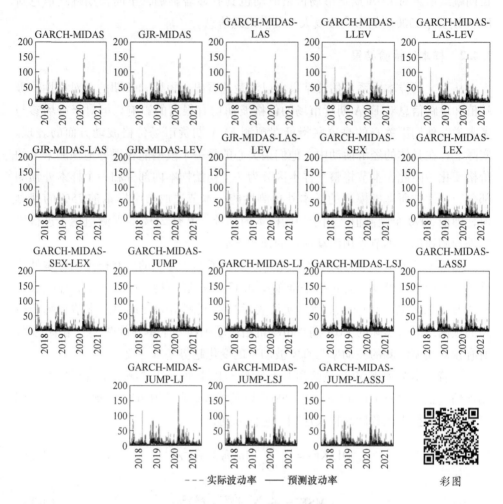

图 3-3　样本外波动率预测结果

显著的优势。而对于其他非对称扩展模型，它们的 p 值均低于 0.1，这表明它们在预测性能上不如 GJR-MIDAS-LAS-LEV 模型。其次，在考虑极端值的扩展模型（Panel B）中，GARCH-MIDAS-SEX 模型始终位居预测效果排名的首位，这表明该模型在捕捉 EUA 波动率方面的预测能力超过了其他竞争模型，这一结果强调了极端值在波动率预测中的重要性。最后，对于包含跳跃信息的扩展模型（Panel C），GARCH-MIDAS-JUMP 模型和 GARCH-MIDAS-JUMP-LJ 模型成功通过了 MCS 检验，显示出比其他竞争模型更优的预测性能。特别是 GARCH-MIDAS-JUMP-LJ 模型，它通常具有最大的 MCS 检验 p 值，这进一步证实了该模型在预测 EUA 期货市场波动率方面的优越性。

表 3-7 基准模型以及其他扩展模型的样本外 MCS 检验结果

模 型	T_R			T_{SQ}		
	QLIKE	MSE	MAE	QLIKE	MSE	MAE
Panel A：非对称性						
GARCH-MIDAS	0.000	0.005	0.000	0.000	0.014	0.000
GJR-MIDAS	0.000	0.005	0.000	0.003	0.034	0.001
GARCH-MIDAS-LAS	0.000	0.005	0.000	0.000	0.017	0.000
GARCH-MIDAS-LLEV	0.000	0.005	0.000	0.003	0.034	0.001
GARCH-MIDAS-LAS-LEV	0.000	0.005	0.000	0.003	0.034	0.001
GJR-MIDAS-LAS	0.000	0.005	0.000	0.001	0.017	0.000
GJR-MIDAS-LEV	0.024	0.027	0.002	0.024	0.034	0.002
GJR-MIDAS-LAS-LEV	**1.000**	**1.000**	**1.000**	**1.000**	**1.000**	**1.000**
Panel B：极端值						
GARCH-MIDAS	0.002	0.002	0.000	0.003	0.019	0.000
GARCH-MIDAS-SEX	**1.000**	**1.000**	**1.000**	**1.000**	**1.000**	**1.000**
GARCH-MIDAS-LEX	0.001	0.002	0.000	0.003	0.019	0.000
GARCH-MIDAS-SEX-LEX	0.002	0.002	0.000	0.003	0.019	0.000
Panel C：跳跃信息						
GARCH-MIDAS	0.072	0.006	0.000	0.050	0.013	0.000
GARCH-MIDAS-JUMP	**0.107**	**0.494**	**0.192**	**0.107**	**0.494**	**0.192**
GARCH-MIDAS-LJ	0.072	0.004	0.000	0.050	0.011	0.000
GARCH-MIDAS-LSJ	0.000	0.001	0.000	0.000	0.006	0.000
GARCH-MIDAS-LASSJ	0.000	0.000	0.000	0.000	0.001	0.000
GARCH-MIDAS-JUMP-LJ	**1.000**	**1.000**	**1.000**	**1.000**	**1.000**	**1.000**
GARCH-MIDAS-JUMP-LSJ	0.000	0.003	0.000	0.000	0.009	0.000
GARCH-MIDAS-JUMP-LASSJ	0.000	0.013	0.000	0.001	0.020	0.001

注：大于 0.1 的 p 值用粗体表示，粗体下划线表示在指定的损失函数下性能最好。

此外，本节还对 GARCH-MIDAS 模型及其所有扩展模型的预测性能进行了综合比较。根据 MCS 检验结果（见表 3-8），只有 GJR-MIDAS-LAS-LEV 模型、GARCH-MIDAS-JUMP 模型和 GARCH-MIDAS-JUMP-LJ 模型通过了检验。值得注意的是，GARCH-MIDAS-JUMP-LJ 模型在所有 6 个评估标准下均进入了 MCS，这表明它是所有模型中预测表现最为出色的。这一发现强调了跳跃信息在提高 EUA 期货价格波动预测准确性方面的关键作用，其重要性甚至超过了非对称性和极端值信息。

表 3-8　基准模型和 17 个扩展模型的样本外 MCS 检验结果

模　型	T_R			T_{SQ}		
	QLIKE	MSE	MAE	QLIKE	MSE	MAE
GARCH-MIDAS	0.000	0.006	0.000	0.002	0.012	0.000
GJR-MIDAS	0.001	0.009	0.000	0.034	0.014	0.000
GARCH-MIDAS-LAS	0.000	0.006	0.000	0.004	0.012	0.000
GARCH-MIDAS-LLEV	0.001	0.013	0.000	0.018	0.017	0.000
GARCH-MIDAS-LAS-LEV	0.001	0.009	0.000	0.018	0.014	0.000
GJR-MIDAS-LAS	0.001	0.006	0.000	0.018	0.012	0.000
GJR-MIDAS-LEV	0.052	0.038	0.000	0.173	0.023	0.000
GJR-MIDAS-LAS-LEV	**1.000**	**0.166**	0.000	**1.000**	**0.121**	0.000
GARCH-MIDAS-SEX	0.001	0.009	0.000	0.029	0.014	0.000
GARCH-MIDAS-LEX	0.000	0.000	0.000	0.001	0.010	0.000
GARCH-MIDAS-SEX-LEX	0.001	0.006	0.000	0.014	0.012	0.000
GARCH-MIDAS-JUMP	0.001	**0.496**	**0.183**	0.034	**0.496**	**0.183**
GARCH-MIDAS-LJ	0.000	0.000	0.000	0.001	0.010	0.000
GARCH-MIDAS-LSJ	0.000	0.000	0.000	0.000	0.008	0.000
GARCH-MIDAS-LASSJ	0.000	0.000	0.000	0.000	0.004	0.000
GARCH-MIDAS-JUMP-LJ	**0.628**	**1.000**	**1.000**	**0.628**	**1.000**	**1.000**
GARCH-MIDAS-JUMP-LSJ	0.000	0.006	0.000	0.000	0.011	0.000
GARCH-MIDAS-JUMP-LASSJ	0.000	0.006	0.000	0.000	0.012	0.000

注：大于 0.1 的 p 值用粗体表示，粗体下划线表示在指定的损失函数下性能最好。

　　本节的研究结果不仅为 EUA 期货市场的波动率预测提供了有力的模型支持，也为理解和利用市场信息中的非对称性、极端值和跳跃信息提供了新的视角。这些发现对于金融市场的参与者，尤其是对关注碳交易市场的投资者和风险管理者来说，具有重要的实际意义。

　　表 3-9 展示了基准模型及其他扩展模型的 DoC 比率和相应的 PT 统计量。首先，结果显示，包括基准模型在内所有模型的 DoC 均大于 0.5 且显著。其次，大多数的扩展模型产生了比基准模型更大的 DoC。这一结果表明，在预测模型中加

入非对称性、极端值和跳跃信息可以显著提高对 EUA 市场波动率的样本外预测精度。此外，GARCH-MIDAS-JUMP 模型和 GARCH-MIDAS-JUMP-LJ 模型的 DoC 值相同，且最高（为 0.730），这进一步证明了跳跃因素在提高 EUA 期货市场波动率预测准确性方面的重要作用。

表 3-9　基准模型和 17 个扩展模型的样本外 DoC 检测结果

模　　型	DoC 值	Statistic 值	p 值
GARCH-MIDAS	0.691[①]	13.977	0.000
GJR-MIDAS	0.703[①]	14.555	0.000
GARCH-MIDAS-LAS	0.695[①]	14.197	0.000
GARCH-MIDAS-LLEV	0.703[①]	14.516	0.000
GARCH-MIDAS-LAS-LEV	0.704[①]	14.610	0.000
GJR-MIDAS-LAS	0.696[①]	14.210	0.000
GJR-MIDAS-LEV	**0.705**[①]	**14.664**	0.000
GJR-MIDAS-LAS-LEV	**0.705**[①]	**14.476**	0.000
GARCH-MIDAS-SEX	0.690[①]	13.838	0.000
GARCH-MIDAS-LEX	0.686[①]	13.700	0.000
GARCH-MIDAS-SEX-LEX	0.687[①]	13.755	0.000
GARCH-MIDAS-JUMP	**0.730**[①]	**15.517**	0.000
GARCH-MIDAS-LJ	0.686[①]	13.615	0.000
GARCH-MIDAS-LSJ	0.673[①]	13.263	0.000
GARCH-MIDAS-LASSJ	0.661[①]	12.640	0.000
GARCH-MIDAS-JUMP-LJ	**0.730**[①]	**15.517**	0.000
GARCH-MIDAS-JUMP-LSJ	0.703[①]	14.330	0.000
GARCH-MIDAS-JUMP-LASSJ	0.703[①]	14.259	0.000

①零假设在 1% 显著性水平下被拒绝。

综上所述，通过对 EUA 期货市场波动率的样本外预测评估结果进行分析，可以得出结论，将短期和长期的非对称性、极端值以及跳跃信息纳入 GARCH-MIDAS 模型中，确实能够有效提升该模型在未来波动率预测方面的性能，这一发现对于金融市场分析和风险管理具有重要的实际意义。

具体来说，在考虑非对称性因素时，GJR-MIDAS-LAS-LEV 模型结合了短期非对称性、长期非对称性以及长期杠杆效应的扩展模型，展现出了更为出色的预测能力，这一结果强调了在波动率建模中同时考虑多种非对称效应的重要性。当模型聚焦于极端值的影响时，GARCH-MIDAS-SEX 模型仅考虑短期极端值的模型，提供了更为精确的预测结果；这表明在波动率预测中，短期极端事件的影响不容忽视，且可能对市场波动性产生显著影响。在分析跳跃信息对波动率预测的贡献时，GARCH-MIDAS-JUMP 模型和 GARCH-MIDAS-JUMP-LJ 模型，分别考虑了短期跳跃和同时考虑短期与长期跳跃的模型，均表现出了较好的预测性能。尤其是 GARCH-MIDAS-JUMP-LJ 模型，在多种评估标准下均显示出了优越的预测能力，其性能超过了其他所有竞争模型。这些发现不仅证实了在波动率建模中考虑非对称性、极端值和跳跃信息的重要性，也表明了 GARCH-MIDAS 模型及其扩展模型在提高预测准确性方面的潜力。对于金融市场的参与者而言，这些模型提供了更为精细化的工具，以更好地理解和预测市场波动性，从而在风险管理和投资决策中做出更为明智的选择。

3.5　稳健性检验

为了验证上述实证结果的稳健性，本节进行了稳健性检验。检验方法包括更换样本外预测评估方法、更换滚动窗口长度和更换滞后阶数。

3.5.1　更换样本外预测评估方法

本节主要采用广泛使用的样本外 R^2_{oos} 检验来评估预测性能，基于基准模型的17 个扩展模型的样本外检验结果见表 3-10。首先，除 GARCH-MIDAS-LSJ、GARCH-MIDAS-LASSJ、GARCH-MIDAS-JUMP-LSJ 和 GARCH-MIDAS-JUMP-LASSJ 模型外，所有扩展模型的 R^2_{oos} 均显著为正，说明在基准模型基础上引入非对称、极端值和跳跃信息均有助于更好地预测 EUA 波动。其次，在所有非对称性扩展模型中，GJR-MIDAS-LAS-LEV 模型的预测性能最好，其 R^2_{oos} 为 12.281%，优于其他的竞争模型。在所有基于极端值的扩展模型中，GARCH-MIDAS-SEX 模型表现最好，这是因为它的 R^2_{oos} 最大，为 8.445%。在所有基于跳跃信息的扩展模型中，GARCH-MIDAS-JUMP-LJ 模型的预测能力最大，R^2_{oos} 为 17.281%，其次是 GARCH-MIDAS-JUMP 模型。由此可见，通过样本外 R^2_{oos} 检验得到的最佳模型与 MCS 检验和 DoC 检验一致。综上所述，即使更换样本外预测评估方法，本章的主要实证结果也是稳健的。

表 3-10　17 个扩展模型的样本外 R^2_{oos} 检验结果

模　型	R^2_{oos}/%	Adj-MSPE	p 值
GJR-MIDAS	7.874[①]	4.430	0.000
GARCH-MIDAS-LAS	2.189[①]	8.971	0.000
GARCH-MIDAS-LLEV	5.654[①]	11.490	0.000

模　型	$R^2_{oos}/\%$	Adj-MSPE	p 值
GARCH-MIDAS-LAS-LEV	5.387①	11.554	0.000
GJR-MIDAS-LAS	5.170①	3.437	0.000
GJR-MIDAS-LEV	8.908①	4.789	0.000
GJR-MIDAS-LAS-LEV	**12.281①**	**5.665**	0.000
GARCH-MIDAS-SEX	**8.445①**	**4.839**	0.000
GARCH-MIDAS-LEX	1.515①	5.290	0.000
GARCH-MIDAS-SEX-LEX	7.125①	4.145	0.000
GARCH-MIDAS-JUMP	**16.490①**	**10.084**	0.000
GARCH-MIDAS-LJ	0.583②	2.170	0.015
GARCH-MIDAS-LSJ	−11.120	−8.523	1.000
GARCH-MIDAS-LASSJ	−22.462	−10.004	1.000
GARCH-MIDAS-JUMP-LJ	**17.281①**	**11.639**	0.000
GARCH-MIDAS-JUMP-LSJ	−11.097	−4.937	1.000
GARCH-MIDAS-JUMP-LASSJ	−6.228	−2.929	0.998

①②分别为零假设在1%、5%显著性水平下被拒绝。

3.5.2　更换滚动窗口长度

Rossi 和 Inoue（2012）指出，预测窗口的长度对于预测能力的检验至关重要，预测窗口长度的改变可能对预测结果产生严重的影响。现有的关于波动率预测的工作通常会通过更换预测窗口长度来检验预测结果的稳健性，因此，本节通过改变滚动窗口长度为完整样本长度的 1/3 来检验前文主要实证发现的稳健性。表 3-11 给出了改变滚动窗口长度后的 MCS 检验和样本外 R^2_{oos} 检验的结果。研究发现：首先，除 GARCH-MIDAS-LJ、GARCH-MIDAS-LSJ、GARCH-MIDAS-LASSJ、GARCH-MIDAS-JUMP-LSJ 和 GARCH-MIDAS-JUMP-LASSJ 模型外，所有扩展模型在改变滚动窗口长度后都能提高预测精度；其次，在考虑非对称性扩展时，GJR-MIDAS-LAS-LEV 模型表现最好；在考虑极端值的扩展模型时，GARCH-MIDAS-SEX 模型有最突出的表现；在考虑跳跃扩展时，GARCH-MIDAS-JUMP-LJ 模型优于其他模型。最后，GARCH-MIDAS-JUMP 模型和 GARCH-MIDAS-JUMP-LJ 模型，特别是 GARCH-MIDAS-JUMP-LJ 模型的 R^2_{oos} 优于其他所有的扩展模型（包括考虑了非对称性、极端值以及跳跃信息的扩展模型），具有更好的预测效果。显然，本节的实证结果显示，即使改变了滚动窗口的长度，本章的主要实证结果也没有改变。

表 3-11   更换滚动窗口长度（1/3）后的样本外 MCS 和 R_{oos}^2 检验结果

模　型	T_R			T_{SQ}			R_{oos}^2/%	Adj-MSPE
	QLIKE	MSE	MAE	QLIKE	MSE	MAE		
Panel A：非对称性								
GARCH-MIDAS	0.000	0.002	0.000	0.000	0.012	0.000		
GJR-MIDAS	**0.411**	**0.359**	**0.207**	**0.292**	**0.544**	**0.117**	6.697[①]	5.210
GARCH-MIDAS-LAS	0.000	0.002	0.000	0.001	0.033	0.001	2.332[①]	10.088
GARCH-MIDAS-LLEV	**0.180**	**0.359**	**0.207**	**0.176**	**0.544**	**0.117**	5.681[①]	13.396
GARCH-MIDAS-LAS-LEV	0.000	0.053	0.005	0.007	0.268	0.040	4.897[①]	13.379
GJR-MIDAS-LAS	**0.411**	**0.480**	**0.207**	**0.292**	**0.544**	**0.117**	7.141[①]	5.413
GJR-MIDAS-LEV	0.000	0.002	0.000	0.007	0.063	0.002	4.339[①]	4.159
GJR-MIDAS-LAS-LEV	**1.000**	**1.000**	**1.000**	**1.000**	**1.000**	**1.000**	8.224[①]	5.815
Panel B：极端值								
GARCH-MIDAS	0.171	0.037	0.018	**0.100**	0.025	0.014		
GARCH-MIDAS-SEX	**1.000**	**1.000**	**1.000**	**1.000**	**1.000**	**1.000**	8.446[①]	6.122
GARCH-MIDAS-LEX	0.171	0.055	0.018	0.077	0.040	0.018	2.042[①]	8.752
GARCH-MIDAS-SEX-LEX	0.873	0.055	0.067	**0.873**	0.040	0.067	4.560[①]	4.369
Panel C：跳跃信息								
GARCH-MIDAS	0.005	0.000	0.000	0.012	0.000	0.000		
GARCH-MIDAS-JUMP	0.005	0.009	**0.770**	0.012	0.009	**0.770**	15.409[①]	13.239
GARCH-MIDAS-LJ	0.005	0.000	0.000	0.012	0.000	0.000	−1.029	−0.059
GARCH-MIDAS-LSJ	0.000	0.000	0.000	0.000	0.000	0.000	−7.933	−6.477
GARCH-MIDAS-LASSJ	0.000	0.000	0.000	0.000	0.000	0.000	−12.932	−6.790
GARCH-MIDAS-JUMP-LJ	**1.000**	**1.000**	**1.000**	**1.000**	**1.000**	**1.000**	17.447[①]	14.457
GARCH-MIDAS-JUMP-LSJ	0.000	0.001	0.000	0.000	0.000	0.000	−8.210	−4.887
GARCH-MIDAS-JUMP-LASSJ	0.000	0.000	0.000	0.000	0.000	0.000	−10.640	−4.937

①零假设在 1% 显著性水平下被拒绝。

3.5.3　更换滞后阶数

前文的结论是在滞后阶数 K 设定为 12 时获得的，本节将滞后阶数改为 24，重新评估本章所有预测模型的预测性能。表 3-12 给出了滞后阶数为 24 时的 MCS 和样本外 R_{oos}^2 检验结果。首先，当滞后阶数为 24 时，在基准模型中引入非对称性、极端值和跳跃信息仍然有助于更好地预测 EUA 波动。其次，在非对称性扩展模型中，GJR-MIDAS-LAS-LEV 模型的 R_{oos}^2 最大，且以最大的 p 值通过了 MCS

检验，其预测性能最好。在极端值扩展模型中，GARCH-MIDAS-SEX 模型表现最好。在跳跃扩展模型中，GARCH-MIDAS-JUMP 模型和 GARCH-MIDAS-JUMP-LJ 模型的预测能力比较突出，这是因为只有这两个模型能通过 MCS 检验。最后，GARCH-MIDAS-JUMP 模型和 GARCH-MIDAS-JUMP-LJ 模型的 R^2_{oos} 优于其他所有的扩展模型（包括考虑了非对称性、极端值以及跳跃信息的扩展模型）。显然结果显示即使使用不同模型设定，大多数实证结果仍然是稳健的。

表 3-12　更换滞后阶数（$K=24$）后的样本外 MCS 和 R^2_{oos} 检验结果

模　型	T_R			T_{SQ}			$R^2_{oos}/\%$	Adj-MSPE
	QLIKE	MSE	MAE	QLIKE	MSE	MAE		
Panel A：非对称性								
GARCH-MIDAS	0.000	**0.161**	0.007	0.001	**0.109**	0.006		
GJR-MIDAS	**0.922**	**0.496**	**0.844**	**0.922**	**0.496**	**0.844**	7.159[①]	4.342
GARCH-MIDAS-LAS	0.000	0.005	0.000	0.000	0.020	0.000	−1.933	−7.959
GARCH-MIDAS-LLEV	0.000	0.005	0.000	0.000	0.021	0.000	−1.838	−11.128
GARCH-MIDAS-LAS-LEV	0.000	0.005	0.000	0.001	0.023	0.000	−0.334	−1.030
GJR-MIDAS-LAS	0.000	0.005	0.000	0.001	0.023	0.000	1.701[①]	2.221
GJR-MIDAS-LEV	0.000	0.005	0.000	0.001	0.023	0.000	2.319[①]	2.409
GJR-MIDAS-LAS-LEV	**1.000**	**1.000**	**1.000**	**1.000**	**1.000**	**1.000**	8.318[①]	4.472
Panel B：极端值								
GARCH-MIDAS	0.009	0.004	0.017	0.009	0.012	0.017		
GARCH-MIDAS-SEX	**1.000**	**1.000**	**1.000**	**1.000**	**1.000**	**1.000**	7.445[①]	4.857
GARCH-MIDAS-LEX	0.000	0.004	0.000	0.000	0.012	0.000	−2.183	−4.081
GARCH-MIDAS-SEX-LEX	0.000	0.004	0.000	0.000	0.012	0.000	2.557[①]	2.399
Panel C：跳跃信息								
GARCH-MIDAS	0.029	0.009	0.000	0.027	0.006	0.000		
GARCH-MIDAS-JUMP	0.029	**1.000**	**1.000**	0.059	**1.000**	**1.000**	16.917[①]	9.874
GARCH-MIDAS-LJ	0.029	0.005	0.000	0.027	0.003	0.000	1.600[①]	4.002
GARCH-MIDAS-LSJ	0.003	0.005	0.000	0.011	0.004	0.000	−0.586	−0.611
GARCH-MIDAS-LASSJ	0.003	0.005	0.000	0.003	0.003	0.000	−2.345	−2.910
GARCH-MIDAS-JUMP-LJ	**1.000**	**0.495**	**0.199**	**1.000**	**0.495**	**0.199**	16.319[①]	10.985
GARCH-MIDAS-JUMP-LSJ	0.029	0.018	0.003	0.059	0.039	0.002	15.125[①]	10.745
GARCH-MIDAS-JUMP-LASSJ	0.003	0.009	0.000	0.011	0.004	0.000	−2.291	−1.848

①零假设在1%显著性水平下被拒绝。

3.6　补充分析

3.6.1　高（低）波动期

在不同的波动水平下，预测方法的预测效果往往是有差异的。现有的大多数研究都通过分别在高波动和低波动时期检验预测模型的预测能力来判断预测模型在帮助投资者管理市场风险方面的作用。以 EUA 期货市场波动率为例，本节首先计算出样本外时期对应的真实波动率的均值（$\bar{v}_t^2$），并依据真实波动率的大小定义高波动和低波动时期：

$$\begin{cases} 高波动时期：\hat{v}_t^2 \geqslant \bar{v}_t^2 \\ 低波动时期：\hat{v}_t^2 < \bar{v}_t^2 \end{cases} \tag{3-16}$$

表 3-13 和表 3-14 分别给出了低波动期和高波动期的样本外 MCS 检验和样本外 R_{oos}^2 检验结果。显然，在低波动期，只有 GARCH-MIDAS-LJ、GARCH-MIDAS-LSJ、GARCH-MIDAS-LASSJ、GARCH-MIDAS-JUMP-LSJ 和 GARCH-MIDAS-JUMP-LASSJ 模型不能产生显著为正的 R_{oos}^2 值。然而，在高波动期，只有 GARCH-MIDAS-LJ、GARCH-MIDAS-LSJ 和 GARCH-MIDAS-LASSJ 模型产生了显著为正的 R_{oos}^2 值。这意味着非对称性、极端值和短期跳跃信息只对预测低波动时期的 EUA 波动有用，而长期跳跃信息仅在高波动期有用。此外，除了 GJR-MIDAS-LAS-LEV、GARCH-MIDAS-SEX、GARCH-MIDAS-JUMP 和 GARCH-MIDAS-JUMP-LJ 模型外，大部分的扩展模型在低波动时期都并未通过 MCS 检验。与此同时，GARCH-MIDAS-JUMP 和 GARCH-MIDAS-JUMP-LJ 模型，特别是 GARCH-MIDAS-JUMP-LJ 模型，产生的 R_{oos}^2 远高于所有的基于非对称性的扩展模型、基于极端值的扩展模型和其他基于跳跃信息的扩展模型。

表 3-13　低波动期的样本外 MCS 检验和样本外 R_{oos}^2 检验结果

模　型	T_R			T_{SQ}			$R_{oos}^2/\%$	Adj-MSPE
	QLIKE	MSE	MAE	QLIKE	MSE	MAE		
Panel A：非对称性								
GARCH-MIDAS	0.000	0.000	0.000	0.000	0.001	0.000		
GJR-MIDAS	0.000	0.000	0.000	0.000	0.008	0.000	17.733①	4.633
GARCH-MIDAS-LAS	0.000	0.000	0.000	0.000	0.002	0.000	4.194①	12.836
GARCH-MIDAS-LLEV	0.000	0.000	0.000	0.000	0.008	0.000	10.913①	16.590
GARCH-MIDAS-LAS-LEV	0.000	0.000	0.000	0.000	0.008	0.000	10.389①	16.835
GJR-MIDAS-LAS	0.000	0.000	0.000	0.000	0.002	0.000	12.617①	3.444
GJR-MIDAS-LEV	0.000	0.015	0.004	0.000	0.015	0.004	19.825①	5.063
GJR-MIDAS-LAS-LEV	**1.000**	**1.000**	**1.000**	**1.000**	**1.000**	**1.000**	27.607①	6.046

模 型	T_R			T_{SQ}			$R_{oos}^2/\%$	Adj-MSPE
	QLIKE	MSE	MAE	QLIKE	MSE	MAE		
Panel B：极端值								
GARCH-MIDAS	0.007	0.000	0.000	0.007	0.001	0.000		
GARCH-MIDAS-SEX	**1.000**	**1.000**	**1.000**	**1.000**	**1.000**	**1.000**	13.923[①]	4.213
GARCH-MIDAS-LEX	0.000	0.000	0.000	0.000	0.001	0.000	1.039[①]	2.424
GARCH-MIDAS-SEX-LEX	0.000	0.000	0.000	0.000	0.001	0.000	10.714[①]	3.237
Panel C：跳跃信息								
GARCH-MIDAS	0.000	0.000	0.000	0.000	0.001	0.000		
GARCH-MIDAS-JUMP	**1.000**	0.323	0.377	**1.000**	0.323	0.377	35.860[①]	13.574
GARCH-MIDAS-LJ	0.000	0.000	0.000	0.000	0.001	0.000	-0.188	0.075
GARCH-MIDAS-LSJ	0.000	0.000	0.000	0.000	0.000	0.000	-19.571	-12.147
GARCH-MIDAS-LASSJ	0.000	0.000	0.000	0.000	0.000	0.000	-39.417	-16.193
GARCH-MIDAS-JUMP-LJ	0.671	**1.000**	**1.000**	0.671	**1.000**	**1.000**	37.634[①]	16.807
GARCH-MIDAS-JUMP-LSJ	0.000	0.000	0.000	0.000	0.001	0.000	-7.164	-1.809
GARCH-MIDAS-JUMP-LASSJ	0.000	0.003	0.000	0.000	0.006	0.000	-0.271	0.933

①零假设在 1% 显著性水平下被拒绝。

表 3-14　高波动期的样本外 MCS 检验和样本外 R_{oos}^2 检验结果

模 型	T_R			T_{SQ}			$R_{oos}^2/\%$	Adj-MSPE
	QLIKE	MSE	MAE	QLIKE	MSE	MAE		
Panel A：非对称性								
GARCH-MIDAS	**1.000**	**1.000**	0.831	**1.000**	**1.000**	0.851		
GJR-MIDAS	0.000	0.000	**0.493**	0.000	0.003	**0.851**	-1.186	0.024
GARCH-MIDAS-LAS	0.000	0.000	**1.000**	0.001	0.007	**1.000**	-0.476	-3.685
GARCH-MIDAS-LLEV	0.000	0.000	**0.493**	0.000	0.000	**0.851**	-1.483	-4.695
GARCH-MIDAS-LAS-LEV	0.000	0.000	**0.831**	0.000	0.000	**0.851**	-1.385	-4.804
GJR-MIDAS-LAS	0.000	**0.553**	**0.493**	0.001	**0.553**	**0.851**	-0.460	0.750
GJR-MIDAS-LEV	0.000	0.000	**0.493**	0.000	0.000	**0.851**	-1.515	-0.260
GJR-MIDAS-LAS-LEV	0.000	0.000	**0.026**	0.000	0.000	**0.358**	-3.099	-1.153
Panel B：极端值								
GARCH-MIDAS	0.012	**0.912**	0.008	0.036	**0.899**	**0.111**		
GARCH-MIDAS-SEX	0.000	0.000	**0.329**	0.000	0.021	**0.504**	-0.635	0.069
GARCH-MIDAS-LEX	**1.000**	**1.000**	**0.329**	**1.000**	**1.000**	**0.504**	0.059	0.488
GARCH-MIDAS-SEX-LEX	**0.709**	**0.912**	**1.000**	**0.709**	**0.899**	**1.000**	-0.127	0.695

模　型	T_R			T_{SQ}			$R^2_{oos}/\%$	Adj-MSPE
	QLIKE	MSE	MAE	QLIKE	MSE	MAE		
Panel C：跳跃信息								
GARCH-MIDAS	0.000	0.000	**0.137**	0.000	0.000	0.091		
GARCH-MIDAS-JUMP	0.000	0.000	0.002	0.000	0.000	0.025	− 6.389	− 4.404
GARCH-MIDAS-IJ	0.000	0.000	**1.000**	0.000	0.000	**1.000**	0.266[②]	1.454
GARCH-MIDAS-LSJ	0.000	0.000	**0.137**	0.000	0.000	0.074	1.886[①]	3.630
GARCH-MIDAS-LASSJ	**1.000**	**1.000**	0.119	**1.000**	**1.000**	0.056	3.454[①]	5.023
GARCH-MIDAS-JUMP-IJ	0.000	0.000	0.010	0.000	0.000	0.042	− 6.428	− 5.182
GARCH-MIDAS-JUMP-LSJ	0.000	0.000	0.000	0.000	0.000	0.000	− 2.222	− 2.377
GARCH-MIDAS-JUMP-LASSJ	0.000	0.000	0.000	0.000	0.000	0.001	− 1.711	− 1.299

①②分别为零假设在 1%、10% 显著性水平下被拒绝。

综上所述，本章所考虑的大多数模型只能在相对稳定的经济环境（低波动期）中产生较为可观的预测，而在动荡的经济环境（高波动期）中，大多数模型可能会低估 EUA 的波动程度，从而无法足够准确地预测 EUA 市场的波动率。

3.6.2　新冠疫情暴发前后的预测研究

新冠疫情（COVID-19）对所有行业都产生了严重的系统性影响，疫情前和疫情期间的 EUA 期货市场价格可以为未来能源转型和经济的复苏提供指导建议。因此，为了进一步检验基准模型及其扩展模型对 EUA 期货市场价格波动响应外部冲击的能力，本节比较了扩展模型在 COVID-19 爆发前后时期的预测性能。受COVID-19 爆发、蔓延以及油价暴跌的冲击，能源行业受到了沉重打击。2021 年以来，上游市场供过于求，再加上全球疫情的蔓延，市场受到了严峻考验。为了应对油价暴跌和疫情的负面影响，几乎所有市场参与者都采取了削减支出的措施。因此，本节首先检验了所有模型在 COVID-19 期间对 EUA 期货市场波动率的预测能力。表 3-15 列出了各个模型在 COVID-19 期间的预测性能评估结果。

表 3-15　COVID-19 期间的样本外 MCS 检验和 R^2_{oos} 检验结果

模　型	T_R			T_{SQ}			$R^2_{oos}/\%$	Adj-MSPE
	QLIKE	MSE	MAE	QLIKE	MSE	MAE		
Panel A：非对称性								
GARCH-MIDAS	0.001	0.057	0.001	0.010	0.050	0.002		
GJR-MIDAS	0.011	0.057	0.003	0.094	0.054	0.004	13.230[①]	3.415
GARCH-MIDAS-LAS	0.001	0.057	0.001	0.018	0.053	0.003	2.140[①]	5.787

模 型	T_R			T_{SQ}			$R_{oos}^2/\%$	Adj-MSPE
	QLIKE	MSE	MAE	QLIKE	MSE	MAE		
Panel A: 非对称性								
GARCH-MIDAS-LLEV	0.011	0.057	0.003	0.094	0.054	0.004	5.474①	7.006
GARCH-MIDAS-LAS-LEV	0.011	0.057	0.003	0.094	0.054	0.004	5.219①	6.985
GJR-MIDAS-LAS	0.011	0.057	0.002	0.039	0.054	0.004	10.859①	2.892
GJR-MIDAS-LEV	**0.237**	0.057	0.003	0.237	0.054	0.004	14.196①	3.594
GJR-MIDAS-LAS-LEV	**1.000**	**1.000**	**1.000**	**1.000**	**1.000**	**1.000**	17.800①	3.995
Panel B: 极端值								
GARCH-MIDAS	**0.603**	0.201	0.001	**0.598**	0.098	0.015		
GARCH-MIDAS-SEX	**1.000**	**1.000**	**1.000**	**1.000**	**1.000**	**1.000**	12.092①	3.508
GARCH-MIDAS-LEX	**0.603**	0.201	0.001	**0.598**	0.085	0.015	2.368①	4.655
GARCH-MIDAS-SEX-LEX	**0.603**	0.215	0.001	**0.598**	0.215	0.015	11.593①	3.270
Panel C: 跳跃信息								
GARCH-MIDAS	**0.564**	0.069	0.002	**0.381**	0.060	0.004		
GARCH-MIDAS-JUMP	**0.564**	**1.000**	**0.718**	**0.484**	**1.000**	**0.718**	17.534①	6.058
GARCH-MIDAS-LJ	**0.564**	0.069	0.000	**0.458**	0.064	0.003	2.265①	4.054
GARCH-MIDAS-LSJ	0.002	0.065	0.000	0.020	0.058	0.000	−8.543	−4.245
GARCH-MIDAS-LASSJ	0.000	0.019	0.000	0.002	0.039	0.000	−17.289	−5.522
GARCH-MIDAS-JUMP-LJ	**1.000**	**0.755**	**1.000**	**1.000**	**0.755**	**1.000**	16.956①	6.883
GARCH-MIDAS-JUMP-LSJ	0.002	0.069	0.002	0.016	0.060	0.004	−12.324	−3.273
GARCH-MIDAS-JUMP-LASSJ	0.002	0.085	0.013	0.014	0.087	0.019	−7.976	−2.392

①零假设在 1% 显著性水平下被拒绝。

表 3-15 中结果显示，除了 GARCH-MIDAS-LSJ、GARCH-MIDAS-LASSJ、GARCH-MIDAS-JUMP-LSJ 和 GARCH-MIDAS-JUMP-LASSJ 模型，大多数模型都能产生显著为正的 R_{oos}^2 值，表明在基准模型中引入非对称性、极端值以及跳跃信息有助于更好地预测 EUA 市场波动。在所有的考虑非对称性的扩展模型中，GJR-MIDAS-LAS-LEV 模型的预测性能更好，这是因为它的 R_{oos}^2 最大，也是唯一一个在 6 个标准下都通过了 MCS 检验的模型。在所有的考虑极端值的扩展模型中，GARCH-MIDAS-SEX 模型表现得更好，这是因为它的 R_{oos}^2 值是最大的，也是唯一一个在 6 个标准下都进入了 MCS 检验的模型。在所有考虑跳跃信息的扩展模型中，只有 GARCH-MIDAS-JUMP 模型和 GARCH-MIDAS-JUMP-LJ 模型在 6 个标准下都能通过 MCS 检验，且它们的 R_{oos}^2 值比其余的竞争模型更大。这些实证结果与

前文一致，不同的是在数值上，考虑非对称性的扩展模型和考虑极端值的扩展模型的数值高于表 3-10，而考虑跳跃信息的扩展模型的数值变化不大。此外，本次 GARCH-MIDAS-JUMP、GARCH-MIDAS-JUMP-LJ 和 GJR-MIDAS-LAS-LEV 模型的预测结果相似。这也表明，尽管 GARCH-MIDAS-JUMP 和 GARCH-MIDAS-JUMP-LJ 模型在新冠疫情期间保持着较高的预测性能，但受新冠疫情的影响，它们在预测 EUA 波动率时对竞争模型的相对优势有所减弱。

　　在当前的能源转型和气候行动背景下，欧盟成员国面临的一个重要问题是在经济复苏与应对气候问题之间找到平衡点，以及如何将经济刺激政策与绿色投资有效结合。这一挑战不仅涉及政策制定者和经济学家，也关系到金融市场的参与者和投资者。因此，研究和理解波动率预测模型在不同经济环境下，特别是在 COVID-19 大流行暴发前后的预测能力是否保持一致，对市场参与者来说具有重大的实际意义。表 3-16 展示了 COVID-19 暴发前各个预测模型的样本外预测评估结果。从结果中可以观察到，当预测模型整合了长期和短期的非对称性、极端值和跳跃信息等因素后，对 EUA 期货市场波动率的预测能力得到了显著提升。在所有考虑非对称性的扩展模型中，GJR-MIDAS-LAS-LEV 模型因其最大的 R_{oos}^2 值和在 6 个评估标准下的最大 p 值，展现出了最佳的预测性能，并且成功通过了 MCS 检验。这一发现表明，该模型在捕捉 EUA 期货市场波动性方面具有显著的优势。

表 3-16　在 COVID-19 前的样本外 MCS 检验和 R_{oos}^2 检验结果

模　型	T_R			T_{SQ}			$R_{oos}^2/\%$	Adj-MSPE
	QLIKE	MSE	MAE	QLIKE	MSE	MAE		
Panel A：非对称性								
GARCH-MIDAS	0.000	0.005	0.000	0.002	0.021	0.000		
GJR-MIDAS	0.006	0.012	0.000	0.071	0.164	0.004	3.040[①]	3.246
GARCH-MIDAS-LAS	0.003	0.012	0.000	0.011	0.094	0.001	2.030[①]	6.642
GARCH-MIDAS-LLEV	0.006	**0.541**	**0.202**	0.071	**0.541**	**0.165**	5.272[①]	9.040
GARCH-MIDAS-LAS-LEV	0.006	**0.329**	0.202	0.071	**0.422**	0.165	5.025[①]	9.210
GJR-MIDAS-LAS	0.006	0.012	0.000	0.023	0.047	0.001	0.319[③]	2.165
GJR-MIDAS-LEV	**0.223**	**0.329**	**0.202**	**0.223**	**0.422**	**0.165**	4.031[①]	3.657
GJR-MIDAS-LAS-LEV	**1.000**	**1.000**	**1.000**	**1.000**	**1.000**	**1.000**	6.833[①]	4.651
Panel B：极端值								
GARCH-MIDAS	0.003	0.000	0.000	0.004	0.012	0.000		
GARCH-MIDAS-SEX	**1.000**	**1.000**	**1.000**	**1.000**	**1.000**	**1.000**	4.541[①]	3.833
GARCH-MIDAS-LEX	0.003	0.000	0.000	0.004	0.012	0.000	0.421[②]	1.757
GARCH-MIDAS-SEX-LEX	0.003	0.000	0.000	0.004	0.012	0.000	2.553[①]	2.779

模 型	T_R			T_{SQ}			$R_{oos}^2/\%$	Adj-MSPE
	QLIKE	MSE	MAE	QLIKE	MSE	MAE		
Panel C：跳跃信息								
GARCH-MIDAS	**0.239**	0.003	0.000	**0.212**	0.002	0.000		
GARCH-MIDAS-JUMP	**0.335**	0.066	0.086	**0.335**	0.066	0.086	13.821①	9.110
GARCH-MIDAS-LJ	**0.232**	0.005	0.000	**0.128**	0.003	0.000	−1.274	−2.306
GARCH-MIDAS-LSJ	0.000	0.000	0.000	0.001	0.000	0.000	−12.829	−7.771
GARCH-MIDAS-LASSJ	0.000	0.000	0.000	0.000	0.000	0.000	−25.644	−8.422
GARCH-MIDAS-JUMP-LJ	<u>**1.000**</u>	<u>**1.000**</u>	<u>**1.000**</u>	<u>**1.000**</u>	<u>**1.000**</u>	<u>**1.000**</u>	15.490①	9.562
GARCH-MIDAS-JUMP-LSJ	0.000	0.005	0.000	0.000	0.002	0.000	−9.143	−3.853
GARCH-MIDAS-JUMP-LASSJ	0.000	0.007	0.000	0.012	0.003	0.000	−4.183	−1.427

①②③分别为零假设在 1%、5%、10% 显著性水平下被拒绝。

在考虑极端值影响的扩展模型中，GARCH-MIDAS-SEX 模型以最大的 R_{oos}^2 值和在 6 个评估标准下均通过 MCS 检验的表现，证明了其在预测 EUA 期货市场波动率方面的优越性，这一结果强调了在波动率建模中考虑极端事件的重要性。对于考虑跳跃信息的扩展模型，GARCH-MIDAS-JUMP-LJ 模型不仅在所有 6 个评估标准下通过了 MCS 检验，而且其 R_{oos}^2 值也超过了所有其他竞争模型，包括考虑了非对称性和极端值的模型，这一发现进一步证实了跳跃信息在提高波动率预测准确性方面的关键作用。

总体来看，虽然 COVID-19 的暴发对全球经济造成了广泛影响，并在一定程度上削弱了 GARCH-MIDAS-JUMP-LJ 模型在预测 EUA（欧洲联盟碳排放配额）波动率方面的性能，但即使在这样的非常时期，该模型的预测能力仍然不容忽视。这一发现强调了在不同经济环境下，尤其是在面对突如其来的全球性危机时，对 EUA 期货市场价格波动进行预测时，考虑历史跳跃信息的重要性。这不仅对于金融市场的参与者具有指导意义，如投资者和风险管理者，也为政策制定者和环境经济学家提供了重要的启示。

这一现象似乎传递了一个明确的信息：为了实现减排目标，需要整个经济体系进行深刻的转型，并对低碳技术进行大规模投资。在这一转型过程中，高碳排放的行业，如煤炭开采和燃煤发电等，将面临改造或逐步淘汰的压力。尽管气候政策对金融体系和社会的影响可能不及自动化和数字化等技术变革显著，但从长远来看，探索新的商业机会和促进可持续发展比保护传统行业的就业更为关键。

在应对全球气候变化和限制温室气体排放的大背景下，这些观点和分析也反映了 EUA 期货市场未来可能的波动特点。随着全球对于低碳经济和绿色转型的日益重视，EUA 期货市场的价格波动可能会受到更多与环境政策、技术创新和能源结构调整相关因素的影响。因此，对于市场参与者而言，理解和预测这些因素对 EUA 期货市场波动率的影响，将变得越来越重要。通过不断改进和完善波动率预测模型，如 GARCH-MIDAS-JUMP-LJ 模型，可以更好地把握市场动态，为应对未来可能出现的挑战和机遇做好准备。

4 EUA 波动率预测研究：基于商品、债券、股指和不确定性因素的比较❶

4.1 概述

现有文献通过广泛研究和深入分析，揭示了多种外生变量对欧洲碳交易市场产生显著影响的事实。这些外生变量不仅会直接影响市场，还可能通过各种渠道间接驱动市场的波动。有研究进一步指出，这些外生变量对碳排放价格的变化同样具有重要影响。

此外，众多学者和研究人员也将注意力集中在碳交易市场与其他金融市场之间的相互联系和溢出效应上。这些研究涵盖了市场基本面、化石能源市场、清洁能源市场、非能源市场、股票市场以及市场不确定性等多个方面，不仅增进了对碳交易市场动态的理解，也揭示了其他市场对碳交易市场可能产生的深远影响。

根据 Benz 和 Truck（2009）的理论，碳价格的形成直接受到碳排放权配额供需关系的影响。在欧盟碳排放交易体系（EU ETS）中，法规和政策通常被视为影响碳排放权配额供给的关键因素。然而，由于供给因素的量化难度较大，本章将主要集中于探讨影响碳排放权配额需求的外生驱动因素。通过对这些外生因素的深入分析，期望能够为理解和预测碳交易市场的走势提供更加坚实的理论基础和实证支持。过去的研究往往集中于分析单一或某一特定类别的外生因素对 EUA 期货市场波动率的预测能力，例如能源商品、非能源商品、市场不确定性等因素。然而，综合考虑大量潜在预测因子对 EUA 期货市场波动率进行预测的研究相对较少。为了弥补这一研究领域的不足，本章采用了一种全面的方法，考虑了多达 45 个潜在的外生预测因子，以期对 EUA 期货市场的波动性进行更为深入的预测分析，并探讨哪一类预测因子在预测 EUA 期货市场价格波动方面更为有效。

根据 Chevallier（2011）、Byun 和 Cho（2013）、Tan 等（2021）以及 Ren 等（2022）等的研究，本章将这 45 个外生变量进行简化和归纳，分为以下四组，并讨论了它们对 EUA 期货市场波动率的可能影响：（1）商品因素，包括能源和金属大宗商品；（2）债券因素；（3）股指因素；（4）不确定性因素。

❶ 本章主要内容发表于著名经济学期刊 *Energy Economics*。

首先，如第 2.1.2 节中所述，能源商品通过能源消费和排放渠道对碳价格产生直接影响，金属商品则可能通过材料成本、生产和运输等方面间接驱动碳价波动。其次，债券利差和无风险收益率通常被视为国内经济状况的反映。例如，在经济繁荣时期，尽管债券收益率可能下降，但产品活动和能源消耗的增加往往会导致碳排放量的上升。再次，金融活动通过影响相关企业的融资成本和技术升级，进而对碳价波动产生影响。最后，市场不确定性因素，包括宏观经济政策不确定性、地缘政治风险等，已被证实能够显著影响各种经济和非经济基本面，从而对碳市场产生重要影响。

通过这种多维度的分析方法，本章旨在提供一个更为全面和细致的视角，以理解和预测 EUA 期货市场的波动性。这种方法不仅有助于揭示不同外生因素对市场波动的具体作用机制，也为市场参与者和政策制定者提供了更为丰富的信息和工具，以便他们能够更有效地应对市场的不确定性和波动性。在当前这个信息爆炸的时代，市场参与者面临着从互联网、社交媒体以及其他多种渠道涌来的信息洪流。然而，由于投资者的注意力和处理能力有限，他们往往无法全面考虑所有可用的信息。在这种情况下，组合预测方法作为一种整合大量预测信息的有效手段，已经成为业界和学术界普遍采用的一种策略，它有助于提高预测的稳健性并可能带来更为精确的预测结果。

因此，本章在研究中不仅关注了单一预测因子的预测能力，还进一步探讨了第 1.2.3 节中提及的三种流行的组合预测方法，即多重聚合预测（MCF）、多重等权组合预测（MECF）以及时间变化的聚合预测（TCF）。这些组合预测方法不仅能够整合众多潜在的预测信息，还能够在一定程度上缓解单一模型可能带来的不确定性和预测误差。

除此之外，为了应对大量预测因子可能导致的过拟合问题，现有的研究开始尝试引入降维技术，以便从众多预测因子中提取出更为精练的综合信息。这种方法通常被称为扩散指数，它通过降维技术如主成分分析（PCA）、偏最小二乘法（PLS）和奇异值脉冲耦合分析（SPCA）等，从复杂的数据中提取出关键信息。

具体而言，正如第 1.2.3 节所介绍的，Wang 等（2022）的研究中采用了 PCA、PLS 和 SPCA 等方法，从全球经济状况和基于新闻报道的不确定性指数中提取出综合信息，以此来预测天然气和清洁能源股票市场的已实现波动率。借鉴这一方法，本章也将基于 PCA、PLS 和 SPCA 模型构建扩散指数，并检验这些扩散指数在预测 EUA 市场波动率时所包含的信息价值。通过这种综合利用多种预测因子和降维技术的策略，本章旨在提供一个更为全面和深入的分析框架，以期在 EUA 期货市场波动率预测方面取得更好的研究成果。考虑到 EUA 期货市场波动率的高度复杂性，包括高波动性、非线性动态变化以及不稳定性等特点，本章进一步探索了采用先进的机器学习方法提升对 EUA 期货市场价格波动率预测的精确度。尽管普通最小二乘（OLS）回归作为传统的时间序列预测工具在金融市场分析中广受欢迎，但 Bishop 和 Nasrabadi（2006）指出，当模型中存在大量潜在解释变量时，OLS 模型的预测性能可能会受到显著影响。与此相对，机器学习方法的优势在于能够不受解释变量数量的限制，这为市场参与者和研究人员在预测能源商品价格或波动率方面提供了新的视角和可能性。

在本章的研究中，特别选择了两种在金融市场预测中得到广泛应用的机器学习方法——最小绝对收缩和选择算子（LASSO）和极限学习机（ELN）。这两种方法主要依赖于惩罚函数筛选出对预测结果影响最为显著的因素，并通过最小化均方误差增强波动率预测的准确性。LASSO 方法通过引入 L1 范数惩罚，能够在保持模型简洁的同时进行变量选择，而 ELN 则以快速学习能力和良好的泛化性能著称，特别适合处理复杂的非线性问题。

4.2 研究方法

4.2.1 基准模型

本节选用第 2.2.2 节的基准模型 AR 模型，且为了得到最优滞后阶数，本节参考 Chevallier 和 Sévi（2011）采用 AIC 信息准则进行定阶，结果显示最优 $p = 2$。本章进一步将 45 个外生变量纳入到 AR 模型中，则公式（2-12）中的 $X_{t,\alpha}$ 为第 t 月的 α^{th} 变量，φ_α 为 α^{th} 变量的回归系数，其中 $\alpha = 1, 2, \cdots, 45$。

4.2.2 组合预测方法

受 Rapach 等（2010）研究的启发，组合预测方法可以融合来自各个预测因子的信息，减少模型的不确定性。根据以往对波动率预测的研究，本节采用了三种组合预测方法。整体来说，组合预测方法可以定义为：

$$\widehat{RV}_{c,t+1} = \sum_{i=1}^{N} \omega_{i,t} \, \widehat{RV}_{i,t+1} \tag{4-1}$$

式中，$\sum_{i=1}^{N} \omega_{i,t}$ 为在第 t 月形成的 N 个个体预测的事前综合权重；$\widehat{RV}_{i,t+1}$ 为由式（4-1）产生的波动率预测；$\widehat{RV}_{c,t+1}$ 为组合预测。

本节考虑了三种简单的组合方法，包括 MCF、MECF 和 TMCF。具体而言，MCF 主要令式（4-1）中设定 $\omega_{i,t} = 1/N$，MECF 主要计算 $\sum_{i=1}^{N} \widehat{RV}_{i,t+1}$ 的中位数，TMCF 则是令 N 个单项预测中的最大值和最小值的权重，$\omega_{i,t} = 0$，其余权重设置为 $\omega_{i,t} = 1/(N-2)$。

4.2.3　扩散指数模型

扩散指数模型在金融预测领域中得到了广泛的应用，它旨在利用降维技术从各种预测因子中提取综合信息，克服过拟合问题。本节考虑的扩散指数模型在提取综合信息方面相较以往的研究有所不同，主要可以分为以下两类。

第一类，考虑从债券因素、商品因素、股指因素、不确定性因素等预测因素中提取的主成分。其中，PCA 提取的扩散指数构建的回归模型可以表示为：

$$RV_{t+1} = \alpha_0 + \sum_{\alpha=0}^{p-1} \alpha_1 RV_{t-i} + \sum_{k=1}^{K} \alpha_k F_{k,t}^{PCA} + \varepsilon_{t+1} \tag{4-2}$$

式中，$F_{k,t}^{PCA}$ 为从 $X_{i,t}$ 中提取的主成分。

为了选择最合适的 K，根据 Neely 等（2014）的研究，本节使用校正后的 R^2 统计量。

最近，Huang 等（2021）根据每个变量的回归系数来修正了 PCA：$RV_{t+1} = \alpha_i + \beta_i X_{i,t} + \varepsilon_{t+1}$，其中 β_i 是缩放系数。然后对 $\{\beta_1 X_{1,t}, \beta_2 X_{2,t}, \cdots, \beta_i X_{i,t}\}$ 进行主成分分析，提取更精确的扩散指数。具体来说，SPCA 构建的回归模型可以写成：

$$RV_{t+1} = \alpha_0 + \sum_{i=0}^{2} \alpha_1 RV_{t-i} + \sum_{k=1}^{K} \alpha_k F_t^{SPCA} + \varepsilon_{t+1} \tag{4-3}$$

第二类，Huang 等（2015）认为，PLS 模型也可以成功地构建各种因素的综合指数。具体来说，单个预测因子（$X_{i,t}$）与 EUA 波动率的 N 个时间序列回归（$X_{i,t} = \alpha_{i,0} + \alpha_i RV_{t-1} + \varepsilon_{i,t}$）被用于估计系数 α_i。随后，从多个预测因子中提取的 PLS 扩散指数（F_t^{PLS}）可以被定义为：

$$X_{i,t} = \varphi_{i,0} + F_t^{PLS} \hat{\alpha}_i + \varepsilon_{i,t} \tag{4-4}$$

式中，$\hat{\alpha}_i$ 为估计出的系数。

于是，PLS 提取的扩散指数构建的回归模型可以表示为：

$$RV_{t+1} = \alpha_0 + \sum_{\alpha=0}^{p-1} \alpha_1 RV_{t-i} + \alpha_{PLS} F_t^{PLS} + \varepsilon_{t+1} \tag{4-5}$$

4.2.4　机器学习方法

除了以上扩散指数模型，本章还利用机器学习方法进行了预测研究，所用的机器学习方法是预测研究中最流行的基于变量选择的学习方法之二，即 LASSO 和 ELN。变量的选择依赖于惩罚函数，惩罚函数可以将不重要变量的系数设为 0，从而达到降低数据维度的目的。其中，LASSO（$\hat{\beta}_{LASSO}$）和 ELN（$\hat{\beta}_{ELN}$）的估计系数结果可以分别表示为：

$$\hat{\beta}_{LASSO} = \underset{\beta}{\arg\min} \left[\frac{1}{2(t-1)} \sum_{l=1}^{t-1} \left(RV_{t+1} - \beta_0 - \sum_{i=1}^{K} \beta_i X_{i,t} \right)^2 + \lambda \sum_{i=1}^{K} |\beta_i| \right]$$

$$\tag{4-6}$$

$$\hat{\beta}_{\mathrm{ELN}} = \underset{\beta}{\arg\min} \left\{ \frac{1}{2(t-1)} \sum_{l=1}^{t-1} \left(RV_{t+1} - \beta_0 - \sum_{i=1}^{K} \beta_i X_{i,t} \right)^2 + \lambda \sum_{i=1}^{K} \left[(1-\alpha)\beta_i^2 + \alpha |\beta_i| \right] \right\}$$

$$(4-7)$$

显然，LASSO 只依赖于 L_1 惩罚函数（λ），而 ELN 依赖于 L_1 和 L_2 惩罚函数（λ）和（α）。特别地，α 为常数且 $\alpha \in [0,1]$，当 $\alpha = 1$ 时，ELN 即为 LASSO。为了确定最优的 α 和 λ，本章采用与 Zhang 等（2019）相同的算法，在生成波动率预测之前确定最优值。

4.3　数据

4.3.1　EUA 期货市场价格

本章考虑 EUA 期货的连续结算价格。从 Wind 数据库中收集 EUA 期货合约连续价格的日度收盘价，构建了从 2008 年 7 月到 2021 年 10 月的月度 RV 时间序列，数据共包含 160 个月。

4.3.2　预测因素

在外生驱动因素方面，本章主要考虑了四类因素，即商品因素、债券因素、股指因素和不确定性因素。

首先，综合考虑了一系列债券市场因素，以评估其对 EUA 期货市场波动率的潜在影响。具体来说，纳入了包括美国企业债收益率利差（UCBYS）、欧元区企业债收益率利差（ECBRS）、欧元区 3 个月 3A 级债券收益率（EBY3M）在内的 8 个关键债券市场指标。这些指标能够反映市场对信用风险的评估以及宏观经济状况的预期，从而可能对碳市场的波动性产生影响。

其次，受到 Chevallier（2011a）和 Ren 等（2022）研究的启发，进一步探讨了一系列商品市场因素对 EUA 期货市场波动率的预测作用。这些因素包括纽约商品交易所的 NYMEX 天然气期货（USGAS）、ICE UK 英国天然气期货（UKGAS）、ICE 荷兰煤炭期货（CRF）等 12 个重要的商品市场指标。由于能源价格的变动直接关系到碳排放成本，这些商品因素被认为对碳市场的波动性具有显著的预测价值。

再次，本节利用包括 S&P 500 指数（SPX）、荷兰 AEX 指数（AEX）、欧洲斯托克 600 指数（SXXP）在内的 11 个主要工业国的股票市场指数，以此来探索金融活动对 EUA 期货市场波动率的预测信息含量。股票市场作为金融市场的重要组成部分，其波动性和趋势往往能够反映出投资者对经济前景的信心和预期，进而可能对碳市场的波动性产生影响。

最后，为了全面考虑投资者情绪和市场不确定性对 EUA 期货市场波动率的影响，本章进一步探讨了包括美国股市波动指数（UEMV）、CBOE 原油波动指数（OVX）、CBOE 波动指数（VIX）在内的 14 个不确定性因素。这些指标捕捉了市场对风险的感知和投资者情绪的变化，对于理解和预测市场波动性具有重要的参考价值。

详细的预测因子列表和构建方法见表 4-1，为读者提供了进一步的参考。通过这种多维度的分析框架，期望能够更深入地揭示影响 EUA 期货市场波动率的关键因素，并为市场参与者和政策制定者提供有价值的见解。表 4-2 展示了所有预测因子和 EUA 期货市场 RV 的均值、标准差、偏度、峰度这些描述性统计值，同时进行了 Jarque-Bera 检验和 ADF 检验。毫无疑问，时间序列的平稳性在预测过程中是非常重要的，且结果表明所有时间序列都是平稳的。

表 4-1　变量描述

因素	预　测　因　子	数据库	计算方法
商品相关因素	NYMEX natural gas（USGAS）	EIA Wind	所有数据库为月度的已实现波动
	ICE-UK natural gas futures（UKGAS）	Wind	
	ICE-Coal Rotterdam futures（CRF）	Wind	
	ICE-Brent oil futures（BOF）	Wind	
	GSCI Natural gas index（NGI）	Wind	
	GSCI gold index（GDI）	Wind	
	GSCI silver index（SLI）	Wind	
	GSCI aluminum index（ALI）	Wind	
	GSCI copper index（COI）	Wind	
	GSCI lead index（LEI）	Wind	
	GSCI nickel index（NII）	Wind	
	GSCI zinc index（ZII）	Wind	
债券相关因素	Euro corporate bond return spread（ECBRS）	ECB	FISE 欧元 BBB 与 AAA 级债券收益率之差
	Euro area 3-month 3 A bond yield（EBY3M）	ECB	—
	Euro area government bond yield spread（EGYS）	ECB	10 年期欧元与 1 年期欧元收益率之差
	Euro area 10-year 3 A government bond yield（EBY10M）	ECB	—

续表 4-1

因素	预 测 因 子	数据库	计算方法
债券相关因素	US corporate bond yield spread（UCBYS）	FRED	MoodyBAA 级和 AAA 级美国公司债券收益率之差
	US 10-year Treasury constant maturity rate（UTB10M）	FRED	—
	US 3-month treasury constant maturity rate（UTB3M）	FRED	—
	US government bond yield spread（UGYS）	FRED	美国 10 年期与 1 年期国债收益率之差
股指相关因素	FTSE MIB index（FTMIB）	Yahoo! Finance	除 Yahoo!Finance 数据库为月度的且已实现波动，其他数据库为日度已实现波动的总和
	All Ordinaries Index（AORD）	Realized Library	
	AEX index（AEX）	Realized Library	
	FTSE 100 index（FTSE）	Realized Library	
	CAC 40 index（FCHI）	Realized Library	
	DAX index（GDAXI）	Realized Library	
	Nikkei 225 index（N225）	Realized Library	
	Shanghai Composite Index（SSEC）	Realized Library	
	Swiss Stock Market Index（SSMI）	Realized Library	
	STOXX Europe 600 index（SXXP）	Realized Library	
	S&P 500 index（SPX）	Realized Library	
不确定性相关因素	WilderHill new energy global innovation index（NEGI）	Bloomberg	除 Bloomberg 数据库为对数差分，其他数据库为取对数
	WilderHill clean energy index（CEI）	Bloomberg	
	CBOE Volatility index（VIX）	CBOE website	
	CBOE Oil volatility index（OVX）	CBOE website	
	US Equity market volatility index（UEMV）	EPU website	
	Climate policy uncertainty index（CLPU）	EPU website	
	Germany economic policy uncertainty index（GMEPU）	EPU website	
	Italy economic policy uncertainty index（IEPU）	EPU website	
	UK economic policy uncertainty index（UKEPU）	EPU website	
	France economic policy uncertainty index（FEPU）	EPU website	
	Spain economic policy uncertainty index（SEPU）	EPU website	
	US economic policy uncertainty index（USEPU）	EPU website	
	European economic policy uncertainty index（EEPU）	EPU website	
	Global economic policy uncertainty index（GEPU）	EPU website	

表 4-2　描述性统计

变量	Mean	Std.	Skew.	Kurt.	J-B	ADF
EUA	4.899	0.943	0.168	0.188	0.877	-6.081①
USGAS	0.021	0.021	3.623	20.130	2870.556①	-7.634①
UKGAS	0.022	0.031	2.975	9.866	836.245①	-6.825①
CRF	0.006	0.011	3.862	18.182	2450.877①	-9.399①
BOF	0.012	0.023	5.910	41.305	11574.107①	-6.114①
NGI	0.021	0.053	11.384	138.175	122842.949①	-12.577①
GDI	0.003	0.003	3.021	10.466	919.510①	-6.315①
SLI	0.009	0.011	3.065	11.583	1080.153①	-6.722①
ALI	0.004	0.003	2.514	7.909	553.234①	-7.880①
COI	0.006	0.008	6.635	59.560	23329.733①	-7.155①
LEI	0.008	0.010	3.880	21.466	3268.181①	-6.402①
NII	0.010	0.011	5.282	36.953	9260.518①	-7.457①
ZII	0.007	0.007	3.515	20.049	2829.862①	-6.988①
UCBYS	-0.005	0.149	1.372	13.017	1103.786①	-7.330①
ECBRS	0.002	0.008	-0.085	2.014	24.623①	-11.351①
EBY3M	-0.031	0.148	-3.815	24.879	4243.544①	-7.674①
UTB3M	-0.012	0.137	-5.624	44.111	12987.117①	-9.015①
EBY10M	-0.030	0.187	-0.125	0.170	0.519	-13.677①
UTB10M	-0.016	0.204	-1.148	5.444	217.394①	-9.495①
EGYS	0.002	0.184	1.331	4.777	186.957①	-11.040①
UGYS	-0.001	0.144	-0.374	5.518	191.616①	-9.220①
AORD	0.002	0.004	5.534	36.786	9254.891①	-7.862①
AEX	0.001	0.003	8.512	86.854	49077.650①	-8.860①
FTSE	0.003	0.005	6.402	48.956	16052.433①	-8.037①
FTMIB	0.006	0.009	5.049	32.538	7278.867①	-8.864①
FCHI	0.003	0.004	5.456	36.511	9106.531①	-7.869①
GDAXI	0.003	0.004	5.706	41.584	11656.993①	-7.421①
N225	0.002	0.003	5.640	40.833	11250.390①	-7.428①
SSEC	0.003	0.004	3.592	17.061	2151.661①	-4.840①
SSMI	0.002	0.004	6.941	57.990	22283.936①	-9.071①
SXXP	0.003	0.006	5.255	34.205	8030.010①	-7.715①
INX	0.002	0.005	5.928	41.888	11883.143①	-7.083①
NEGI	0.003	0.077	-0.868	2.482	57.487①	-10.218①
CEI	-0.001	0.111	-0.741	2.214	44.299①	-11.472①
VIX	2.929	0.380	0.823	0.343	18.309①	-4.378①
OVX	3.571	0.374	0.663	1.644	27.641①	-3.595①
UEMV	2.967	0.343	1.101	1.893	53.266①	-5.948①
CLPU	4.675	0.635	-0.304	0.623	4.562②	-6.297①
GMEPU	5.133	0.412	0.154	0.006	0.630	-5.939①
IEPU	4.761	0.349	-0.479	0.964	11.374②	-6.940①
UKEPU	5.560	0.463	0.261	-0.293	2.470	-4.082①
FEPU	5.445	0.340	-0.235	0.220	1.648	-6.955①
SEPU	4.768	0.365	-0.185	-0.167	1.158	-7.938①
USEPU	4.991	0.373	0.694	0.561	14.307①	-5.449①
EEPU	5.236	0.297	-0.005	0.256	0.296	-5.140①
GEPU	5.059	0.364	0.521	-0.468	8.719①	-3.418①

①②③分别表示在1%、5%和10%显著性水平上拒绝原假设。

4.4 实证结果

在清理和构建数据集之后，完整的样本期为 2008 年 7 月至 2021 年 10 月，包含 160 个月的观察值。根据 Wang 等（2021）的研究，本章使用递归预测方法生成波动率预测结果。首先设定 2008 年 7 月至 2017 年 12 月为初始样本内估计期，因此 2018 年 1 月将产生第一个预测结果。

4.4.1 样本外检验结果

在金融市场的实际操作中，投资者和研究人员面临着如何从众多预测因子中提取有效信息的挑战。为了应对这一挑战并克服预测模型中的不确定性，本节深入探讨了如何从前文考察的众多预测因子中提炼出更为有效的综合信息。为此，采用了组合预测方法（包括多重聚合预测 MCF、多重等权组合预测 MECF 和时间变化的聚合预测 TMCF）以及基于降维技术的扩散指数模型（包括主成分分析 PCA、偏最小二乘法 PLS 和奇异值脉冲耦合分析 SPCA），并对比了这些方法在样本外预测 EUA 期货市场波动率时的表现。

表 4-3 展示了这些不同预测方法的评估结果。结果揭示了一个有趣的现象：尽管组合预测模型和扩散指数模型在理论上具有整合大量预测信息的优势，但在实际应用中，它们并未显著提高对 EUA 期货市场波动率的预测准确性。这与以往的研究结果形成了鲜明对比，后者通常认为综合信息在预测市场波动或收益方面具有强大的预测能力。本节的研究结果与以往研究的不一致可能指向了一个关键的问题：在 EUA 期货市场中，能够有效预测市场波动的单个因子可能相对较少。这意味着，尽管市场上存在大量的潜在预测因子，但并不是所有的因子都能为预测提供有价值的信息。这一发现强调了在构建预测模型时，对预测因子进行精心选择和优化的重要性。因此，投资者和研究人员在实践中需要更加关注如何识别和利用真正对市场波动有显著影响的因子，而不是简单地依赖于大量信息的集成。

表 4-3　扩散指数模型和组合预测方法的预测性能

模型	R_{oos}^2/%	Adj-MSPE	RMAFE/%	模型	R_{oos}^2/%	Adj-MSPE	RMAFE/%
Panel A：债券相关因素							
PCA	−1.496	−0.196	−2.425	MCF	0.233	0.395	−0.333
PLS	1.304	0.973	−0.411	MECF	0.573	1.031	−0.183
SPCA	−0.071	−0.068	−0.059	TMCF	0.209	0.385	−0.262

续表4-3

模型	R_{oos}^2/%	Adj-MSPE	RMAFE/%	模型	R_{oos}^2/%	Adj-MSPE	RMAFE/%
Panel B：商品相关因素							
PCA	0.398	0.788	0.167	MCF	0.665	0.567	0.188
PLS	2.949	0.536	−2.735	MECF	−0.102	−0.603	−0.077
SPCA	3.943	0.779	0.025	TMCF	0.334	0.456	0.079
Panel C：股指相关因素							
PCA	−0.362	−1.278	−0.333	MCF	−0.214	−0.629	−0.175
PLS	1.897	1.909①	1.865	MECF	−0.135	−1.004	−0.133
SPCA	0.247	0.366	−0.255	TMCF	−0.275	−1.106	−0.246
Panel D：不确定性相关因素							
PCA	−2.005	−0.131	−0.673	MCF	−0.507	−0.312	0.244
PLS	−1.914	0.163	1.225	MECF	−0.867	−1.009	−0.333
SPCA	−2.653	−0.306	−1.063	TMCF	−0.599	−0.425	−0.078
Panel E：所有的综合信息							
PCA	−0.107	−0.276	0.060	MCF	0.090	0.254	0.026
PLS	−0.507	0.648	−0.042	MECF	−0.090	−0.800	−0.021
SPCA	−2.888	−0.400	−1.200	TMCF	0.028	0.117	−0.043

①为在5%显著性水平上拒绝原假设。第一次样本外预测始于2018年1月，预测窗口期为46个月。

本章将探讨机器学习方法在预测 EUA 期货市场波动率方面的潜力，并尝试解答以下核心问题：机器学习方法是否能够提升对 EUA 期货市场波动率的预测准确性？在众多预测因子中，哪一类因素更具备预测优势？为此，分析了 ELN 和 LASSO 两种机器学习方法的样本外预测表现，结果汇总于表4-4中。从结果中可以明显看出，本章采用的两种机器学习方法均能够持续带来正的 R_{oos}^2 和 RMAFE 值。这表明，相较于本章中其他竞争模型，机器学习方法在提升 EUA 期货市场波动率预测精度方面具有显著优势。具体来看，发现了一些引人注目的结果。

表 4-4 机器学习模型的样本外预测性能

模 型	$R_{oos}^2/\%$	Adj-MSPE	RMAFE/%
Panel A：ELN 模型			
ELN-债券相关因素	10.002	2.127[2]	6.365
ELN-商品相关因素	9.300	2.149[2]	4.409
ELN-股指相关因素	11.107	2.334[1]	7.300
ELN-不确定性相关因素	13.908	2.322[2]	6.945
ELN-所有的综合信息	8.016	1.769[2]	5.557
Panel B：LASSO 模型			
LASSO-债券相关因素	10.667	2.003[2]	6.728
LASSO-商品相关因素	13.504	2.262[2]	7.659
LASSO-股指相关因素	12.882	2.167[2]	7.365
LASSO-不确定性相关因素	14.132	2.350[1]	7.152
LASSO-所有的综合信息	13.269	2.242[2]	7.176

注：第一次样本外预测始于 2018 年 1 月，预测窗口期为 46 个月。
①②分别为在 1%、5% 显著性水平下拒绝原假设。

首先，如表 4-4 的 Panel A 所示，当包含债券相关因素、商品相关因素、股指相关因素、不确定性相关因素以及所有综合信息时，ELN 模型的 R_{oos}^2 分别降低了 10.002%、9.300%、11.107%、13.908% 和 8.016%。这一发现表明，ELN 模型在预测 EUA 期货市场波动率方面明显优于基准模型。LASSO 模型的预测结果与 ELN 模型相似，均显示出机器学习方法的有效性。

特别值得注意的是，在采用变量选择方法（如 LASSO 和 ELN）时，不确定性因素能够带来最大的 R_{oos}^2 值。这一点表明，在预测 EUA 期货市场波动率方面，不确定性因素所包含的有效信息量可能超过了其他类别的预测因子，甚至可能超过了所有单独预测因子的总和。

随后，为了检验本节的实证发现随着时间的推移是否是稳健的，通过考虑累积平方预测误差（CSFE）来绘制预测评估图，其定义为：

$$CSFE_i = \sum_{t=1}^{\delta} \left[(\widehat{RV}_{i,t}^{i,\text{model}} - RV_t)^2 - (\widehat{RV}_{i,t}^{i,\text{bench}} - RV_t)^2 \right] \quad (4-8)$$

式中，$i = (\text{ELN}, \text{LASSO 和 SVR})$；$\widehat{RV}_{i,t}^{i,\text{model}}$ 为模型 i 在第 t 个月的预测。

显然，负的 CSFE 值说明竞争模型优于基准模型。

图 4-1 和图 4-2 展示了 ELN 和 LASSO 两种机器学习方法的条件夏普比率（CSFE）的动态变化，它们揭示了一些值得关注的重要发现，为理解机器学习方

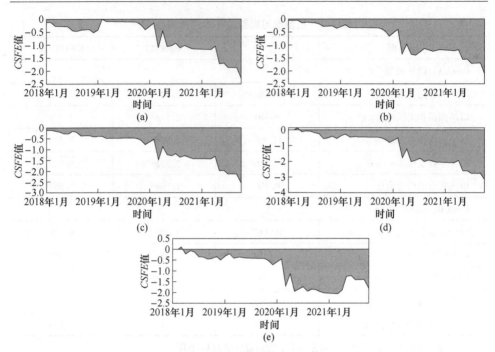

图 4-1　ELN 模型的 *CSFE* 值

（a）债券相关因素；（b）商品相关因素；（c）股指相关因素；（d）不确定性相关因素；（e）所有相关因素

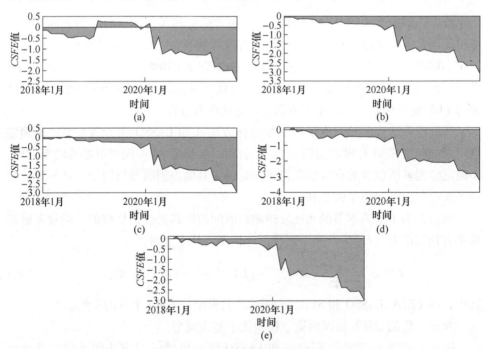

图 4-2　LASSO 模型的 *CSFE* 值

（a）债券相关因素；（b）商品相关因素；（c）股指相关因素；（d）不确定性相关因素；（e）所有相关因素

法在预测 EUA 期货市场波动率方面的有效性提供了新的视角。

首先，包含债券相关因素、商品相关因素、股指相关因素和不确定性相关因素的变量选择模型（ELN 和 LASSO）在 2020 年 1 月左右出现了显著的下降趋势。这一趋势表明，在该时期，这些模型在捕捉市场波动率方面的能力有所增强。此外，当特别考虑不确定性相关因素时，发现 ELN 和 LASSO 模型能够生成相对较小的 *CSFE* 值，这一结果进一步证实了不确定性相关因素在预测 EUA 市场波动率方面的稳健性。这可能是因为 EUA 期货市场作为一个新兴的衍生品市场，其价格波动在很大程度上受到各类政策变动的影响，而不确定性相关因素往往与政策变动紧密相关。

其次，债券相关因素、商品相关因素和股指相关因素的 *CSFE* 图显示，在 2019 年 1 月至 2019 年 10 月期间，这些模型的 *CSFE* 值为正（或接近于 0），暗示着在这段时间内模型的预测表现并不理想。这可能是由于市场条件的变化，或者是因为这些因素在特定时期内对市场波动的解释能力有限。

最后，机器学习模型（LASSO 和 ELN）在样本外期结束时（2020 年 7 月以后）始终保持了良好的预测性能。这种卓越的性能可能归因于几个因素：第一，从数学角度来看，变量选择方法（ELN 和 LASSO）相较于普通最小二乘法（OLS）更倾向于产生偏差，这有助于降低模型的方差，从而提高预测的准确性；第二，与简单提取的扩散指数不同，变量选择方法能够在综合信息的基础上，将无用或不重要的变量系数设置为零，从而提高模型的预测能力。然而也发现，变量选择方法的预测性能并不单纯取决于预测因子的数量。

4.4.2 变量选择频率和因子重要性

由于模型存在不确定性和条件的不断变化，本节进一步通过使用变量选择频率和因子重要性解释模型，确定哪个因子可以更有效地预测 EUA 期货市场波动率。具体来说，ELN 和 LASSO 可以选择有价值的变量，并将无用变量的系数设为 0。这里主要通过计算每个变量在样本外周期内被选中的频率，考察哪个因子可以更有效地预测 EUA 期货市场波动率。图 4-3 和图 4-4 分别绘制了 ELN 和 LASSO 的选择频率。

首先，通过上述结果，可以发现 GDI、SSEC、NEGI、ECBRS、EBY3M、EGYS、UCBYS、ZII、INX、UTB10M、SLI 是 ELN 模型选择最多的 11 个预测因子；然而，LASSO 模型更喜欢选择以下因子：NEGI、UCBYS、ECBRS、EGYS、SSEC、EBY3M、UTB10M、GDI 和 UTB3M。最后，ELN 和 LASSO 模型使用频率最高的预测因子分别是 GDI 和 NEGI，实证证明，GDI 和 NEGI 在预测 EUA 期货市场波动率中发挥着极其重要的作用。

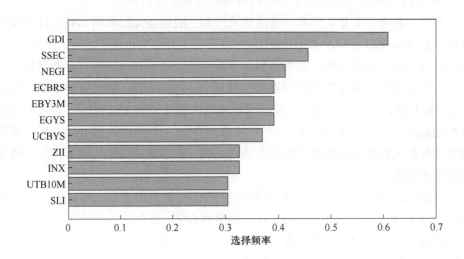

图 4-3   ELN 模型的因子选择频率

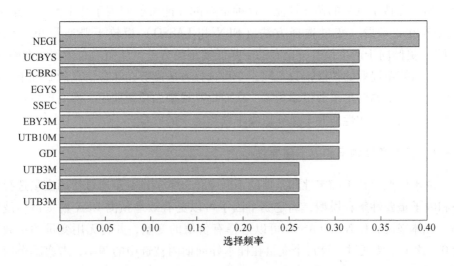

图 4-4   LASSO 模型的因子选择频率

4.4.3   投资组合性能

与外生驱动因素在统计上的预测表现相比，市场参与者和决策者更关注预测模型的经济收益。为了衡量投资组合的运行，本节使用了 Bollerslev 等（2018）的已实现效用框架，该框架只依赖于波动率预测（$\widehat{RV}$）。具体来说，均值方差投资者将其 ω_t 份比例的资产分配给收益率为 r_{t+1} 的风险资产，$(1-\omega_t)$ 份比例的资

产分配给收益率为 r_t^f 无风险资产。在夏普比率恒定情况下的预期效用可以写成：

$$U(x_t) = W_t \left[x_t SR \sqrt{E_t(RV_{t+1})} - \frac{\gamma}{2} x_t^2 E_t(RV_{t+1}) \right] \tag{4-9}$$

式中，γ 为投资者的相对风险厌恶程度；$E_t(RV_{t+1}) = var(r_{t+1}^e)$，$r_{t+1}^e$ 为超额收益，$r_{t+1} - r_t^f$，$SR \equiv E_t(r_{t+1}^e) / \sqrt{E_t(RV_{t+1})}$ 为恒定的夏普比率。

投资者为获得最优投资组合，将其 $x_t^* = E_t(r_{t+1}^e) / [\gamma E_t(RV_{t+1})]$ 财富分配给风险资产，或 $\omega_t^* = \dfrac{SR/\gamma}{\sqrt{E_t(RV_{t+1})}}$，$SR/\gamma$ 表示最优风险目标。因此，最优目标投资组合的预期效用可定义为：

$$U(\omega_t^*) = \frac{SR^2}{2\gamma} W_t = \frac{1}{2} \times SR \times \frac{SR}{\gamma} W_t \tag{4-10}$$

式中，$1/2$ 为未损失于风险负效用预期收益的一半；$SR \times \dfrac{SR}{\gamma}$ 为预期超额收益。

然而，投资者在实践中难以观察到 $E_t(RV_{t+1})$。因此，波动率预测（$\widehat{RV}_{t+1}$）取代了 $E_t(RV_{t+1})$，于是平均预期效用可被计算为：

$$\overline{U}(\widehat{RV}_{t+1}) = \frac{1}{q} \sum_{t=1}^{q} \frac{SR^2}{\gamma} \left(\frac{\sqrt{RV_{t+1}}}{\sqrt{\widehat{RV}_{t+1}}} - \frac{1}{2} \frac{RV_{t+1}}{\widehat{RV}_{t+1}} \right) \tag{4-11}$$

按照 Bollerslev 等（2018）的方法，将年度夏普比率和相对风险厌恶系数分别设为 $SR = 0.4$ 和 $\gamma = 2$。因此，$U(x_t^*) = 4\% W_t$ 意味着投资者愿意支付其财富的 4% 来获得 ω_t^* 风险资产的投资组合，而不是简单地投资于无风险资产。换句话说，一个能够完美预测已实现波动的风险模型，其已实现效用为 8% −4% =4%。

表4-5 详细记录了基于不同回归模型生成的波动率预测的已实现效用情况，该表的第 2 列~第 6 列分别展示融合了债券相关因素、商品相关因素、股指相关因素、不确定性相关因素以及所有综合因素的预测模型的平均效用值。通过对表4-5 的数据进行分析，得出了以下几点观察结果。

表4-5 经济效益

模型	真实效用/%				
	债券相关因素	商品相关因素	股指相关因素	不确定性相关因素	所有相关因素
Bench	3.023	3.023	3.023	3.023	3.023
PCA	2.984	3.028	3.023	3.062	3.022
SPCA	2.997	3.185	3.055	2.981	3.050
PLS	3.020	3.118	3.061	3.038	3.033

续表4-5

模型	真实效用/%				
	债券相关因素	商品相关因素	股指相关因素	不确定性相关因素	所有相关因素
Mean	3.012	3.045	3.027	3.022	3.028
Median	3.021	3.021	3.023	3.024	3.022
TMC	3.013	3.033	3.023	3.029	3.028
EN	3.159	3.176	3.195	3.228	3.142
LASSO	3.175	3.217	3.221	3.229	3.205

注：本表格显示所有回归分析所产生的波动率预测的经济效益。

首先，采用 PCA、SPCA 和 PLS 方法从商品因素中提取的扩散指数模型的真实效用值分别为 3.028%、3.185% 和 3.118%，略高于基准模型的 3.023%。这一发现表明，从商品因素中提炼出的扩散指数能够为投资者带来略微更高的经济利益。

其次，对于组合预测方法（包括 MCF、MECF 和 TMCF），其已实现效用与基准效用相差无几。这说明，在本研究的背景下，组合预测方法并未能显著提升经济效益。

最后，值得注意的是，机器学习方法在已实现效用方面表现出色，尤其是当考虑不确定性因素时。具体来说，采用变量选择方法（ELN 和 LASSO）的模型实现了 3.228% 的效用值，这一结果高于其他方法。这一发现强调了在实践中，考虑不确定性因素的变量选择方法能够为投资者带来更高的经济回报。

4.5 稳健性检验

4.5.1 更换样本外长度

样本外长度对预测性能可能会产生显著影响，本节考虑了另一个窗口来再次验证本章的实证结果是否稳健。本节扩展了之前的预测窗口，第一个预测生成于 2016 年 1 月，包含 70 个月，更换了样本外长度的样本外预测性能见表4-6。通过变量选择（ELN 和 LASSO）模型可以得到显著为正的 R^2_{oos} 和 RMAFE 值，表明机器学习方法能够持续成功地预测 EUA 波动。实证结果证实，上文的发现对更换样本外长度是稳健的。

4.5.2 更换预测评估方法

表4-7 给出了 DM 检验结果，可以看到，变量选择（ELN 和 LASSO）方法在

表 4-6 扩散指数模型、组合预测方法和机器学习方法在更换预测窗口下的评估结果

模型	债券相关因素		商品相关因素		股指相关因素		不确定性相关因素		所有的综合信息	
	R^2_{oos} /%	RMAFE /%	R^2_{oos} /%	RMAFE /%	R^2_{oos} /%	RMAFE /%	R^2_{oos} /%	RMAFE /%	R^2_{oos} /%	RMAFE /%
PCA	0.081	-0.848	0.104	0.229	-0.315	-0.374	-1.985	-2.164	-0.203	-0.092
SPCA	1.687	1.057	1.381	-0.925	1.044	0.837	-1.121	-0.663	-0.766	-1.866
PLS	-0.094	-0.032	2.256	1.325	0.261	-0.888	-2.128	-2.160	-2.258	-2.334
Mean	0.255	-0.080	0.217	0.192	-0.202	-0.297	-0.594	-0.515	-0.037	-0.195
Median	0.501	-0.045	-0.116	-0.031	-0.202	-0.204	-1.266	-0.942	-0.146	-0.086
TMC	0.408	0.046	0.087	0.114	-0.232	-0.299	-0.539	-0.666	-0.025	-0.200
EN	6.348②	3.510	7.761②	3.797	6.567②	3.648	7.970②	4.794	6.247②	4.440
LASSO	6.697②	3.714	9.909①	5.489	8.322①	4.223	8.477②	5.164	8.256②	4.863

注: 第一个样本外预测开始于 2016 年 1 月, 预测窗口覆盖了 70 个月。
①②分别为 1%、5% 显著性水平下拒绝原假设。

表 4-7 扩散指数模型、组合预测方法和机器学习方法的 DM 检验结果

模型	债券相关因素		商品相关因素		股指相关因素		不确定性相关因素		所有的综合信息	
	DM1	DM2	DM1	DM2	DM1	DM2	DM1	DM2	DM1	DM2
PCA	-0.600	-1.257	1.121	0.660	-1.780	-1.181	-1.492	-0.286	-0.579	0.235
SPCA	0.883	-0.142	-0.059	-0.758	1.152	2.187①	-0.027	0.372	-0.052	-0.011
PLS	0.519	-0.168	0.923	0.014	-0.930	-0.254	-1.455	-0.435	-1.526	-0.495
Mean	0.620	-0.452	0.586	0.439	-1.436	-0.603	-0.365	0.291	0.136	0.096
Median	1.223	-0.345	-0.103	-0.518	-1.016	-1.029	-1.583	-0.593	-0.948	-0.204
TMC	0.680	-0.437	0.576	0.290	-1.546	-1.031	-0.849	-0.098	-0.232	-0.171
ELN	1.566②	1.484②	1.727①	1.370②	1.626②	1.948①	1.796①	1.377②	1.097	1.094
LASSO	1.433②	1.378②	1.817①	1.746①	1.600②	1.686①	1.835①	1.418②	1.755①	1.423②

注: 第一个样本外预测开始于 2018 年 1 月, 预测窗口覆盖 46 个月。
①②分别为 5%、10% 显著性水平下拒绝原假设。

HMSE 损失函数下的 DM1 统计量均显著为正（除了基于所有综合信息的 ELN），表明机器学习方法可以显著拒绝原假设。此外，机器学习方法（ELN 和 LASSO）也可以在 HMAE 损失函数下拒绝原假设（除了基于所有综合信息的 ELN）。DM 检验结果与样本外 R^2_{oos} 检验和 RMAFE 结果一致，表明机器学习方法可以提高 EUA 期货市场波动率预测的准确性。

5　EUA 波动率预测研究：基于国别经济政策不确定性指数[1]

5.1　概述

根据第 4 章的研究结论，可以得出当前的碳交易市场波动性可能在很大程度上受到各类政策不确定性的影响。此外，众多研究也揭示了经济政策不确定性（EPU）与金融市场、能源市场以及碳交易市场之间存在着紧密的联系。鉴于此，深入研究 EPU 对 EUA 期货市场波动率的预测作用显得尤为必要。同时，在全球经济一体化的背景下，EUA 市场的定价机制不仅受到欧盟国家经济状况的影响，也受到其他国家经济情况的参考，这意味着其他国家的 EPU 同样可能对 EUA 市场产生影响。因此，本章在研究中综合考虑了多国 EPU 指数的差异化影响，并结合多个国家的 EPU 指数，对 EUA 期货市场的中长期波动率进行了深入的预测分析。

在风险度量方面，已实现波动率（RV）已被广泛认可为衡量金融市场"真实"风险的有效工具。基于这一波动率量化方法，现有文献对多种波动率预测模型的预测能力进行了探讨，包括自回归部分集成（ARFI）模型以及 Corsi（2009）提出的 HAR 模型等。本章借鉴了 Paye（2012）的研究，采用广泛用于预测金融市场月度波动率的自回归（AR）模型作为基准模型。AR 模型作为一个经典的预测工具，其实现简便且易于理解。为了探索单个国家 EPU 指数的预测作用，本章对 AR 模型进行了扩展，加入了单一国家的 EPU 指数。

在当前大数据时代，如何从海量潜在预测因子中提取关键的综合性预测信息，并进一步提高波动率预测的精度，具有重要的理论和实践价值。在众多研究方法中，降维技术是一种有效的信息提取手段。特别是主成分分析（PCA），因其能够提取关键信息（扩散指数）而被广泛应用于金融市场波动率预测的研究。然而，PCA 在提取信息时并不考虑提取出的扩散指数与目标变量之间的相关性。为了解决这一问题，Wold（1966）提出了偏最小二乘（PLS）方法，它能够过滤掉与目标变量不相关的预测因子内容，提取出与目标变量更为紧密相关的扩散指数。Ma 等（2019）的研究显示，PLS 方法在预测精度上优于传统的 PCA 方法。

---

[1]　本章主要内容已发表于著名经济学期刊 *Resources Policy*。

Huang 等（2021）提出了奇异值脉冲耦合分析（SPCA）方法，该方法能够根据预测因子与目标变量的关系为其赋予不同的权重，有效避免了 PCA 方法的不足。此外，第 1.2.3 节介绍的组合预测方法，包括多重聚合预测（MCF）、多重等权组合预测（MECF）、时间变化的聚合预测（TCF）以及动态模型规格选择（DMSPEC），这些方法由 Rapach 等（2010）提出，同样能够有效地利用潜在预测因子的预测能力。

通过这些先进的方法和模型，本章的研究不仅为理解和预测 EUA 期货市场波动率提供了新的视角，也为市场参与者和政策制定者在面对复杂的市场环境时提供了有力的工具和策略。综上所述，尽管关于碳交易市场的研究已经取得了一系列的进展，但现有文献主要集中于分析一个综合性的经济政策不确定性（EPU）指数对碳排放市场的影响，而且这些研究往往只聚焦于 EUA 期货市场的影响因素。根据调研，目前尚未有研究采用扩散指数模型和组合预测方法，并结合多个国家的 EPU 指数来深入研究 EPU 对碳排放市场波动率的影响及其预测能力，这一研究空白正是本章选择结合这两种方法来探讨不同国家 EPU 指数对 EUA 期货市场波动率影响和预测能力的原因。

在本章的研究中，主要基于自回归（AR）模型，并引入了多个国家的 EPU 指数，以此来预测 EUA 期货市场的波动率。

首先，将单一国家的 EPU 指数纳入 AR 模型中，以检验单一国家的 EPU 是否能够对 EUA 期货市场的波动性进行有效预测。其次，为了进一步提升预测的准确性，本章运用了降维技术来提取扩散指数，并构建了三种不同的扩散指数模型，包括 AR-PCA、AR-SPCA 和 AR-PLS 模型。这些模型通过结合目标变量提取更为关键的信息，从而提高了波动率预测的精度。

最后，鉴于组合预测方法在产生更为稳健预测结果方面的潜力，本章还采用了 MCF、MECF、TCF 以及 DMSPEC 这四种流行的组合预测技术，对 EUA 期货市场的波动率进行了综合性的预测。这些组合方法通过整合多个预测模型的优势，旨在提供更为全面和可靠的波动率预测。

5.2 研究方法

5.2.1 基准模型

本节的目的是利用多个国家的 EPU 预测 EUA 期货市场的中长期波动率。根据过去的文献，本节计算了 EUA 期货市场波动率的 RV。为了减少基于 OLS 估计产生的误差，使用了 RV 的自然对数，$LV_t = \ln(RV_t)$，这也可以确保预测模型产生的波动性总是正的。此外，本节利用 AR 模型来预测 EUA 期货市场的中长期波动率。根据 Christiansen 等（2012）的研究，AR 模型可以用式（5-1）表示：

$$LV_{t+1} = \alpha_0 + \sum_{i=1}^{p-1} \rho_i \, LV_{t-i+1} + \varepsilon_{t+1} \qquad (5\text{-}1)$$

式中，p 为滞后阶数，且 $\varepsilon_t \sim N(0,\sigma^2)$。

5.2.2 预测模型

为了研究国别 EPU 指数对 EUA 期货市场波动的预测能力，本节在基准模型（AR 模型）中加入国别 EPU 指数作为一个额外的预测因子，参考式（2-10）构建了对数形式的 AR-X 模型。式（5-1）可以表示为：

$$LV_{t+1:t+h} = \alpha_0 + \sum_{i=1}^{p-1} \rho_i \, LV_{t-i+1} + \beta_k \, EPU_k + \varepsilon_{t+1:t+h} \qquad (5\text{-}2)$$

式中，$LV_{t+1:t+h} = \ln\left[(1/h)(LV_{t+1} + \cdots + LV_{t+h}) \right]$ 为第 $t+1$ 至第 $t+h$ 月的平均累计波动率；EPU_k 为全球 EPU 指数或具体国家的 EPU 指数；β 为用于衡量 EPU 指数对 EUA 期货市场未来波动率的影响程度。本章主要利用 AIC 信息准则进行最优滞后阶数 p 的选择。

由于降维方法可以从众多潜在的预测因子中提取出一些关键性信息（本章指扩散指数），并有助于产生稳健的样本外预测。本节进一步考察了用降维方法从多个国别的 EPU 指数中提取的扩散指数是否有助于对 EUA 期货市场波动率产生稳健的预测，使用的降维方法主要包括 PCA、SPCA 和 PLS。结合这三种降维方法，本章分别构建了三个扩散指数模型，即 AR-PCA、AR-SPCA 和 AR-PLS 模型。PCA 是一种应用较早且被广泛使用的方法，其表达式为：

$$XN_{i,t} = \lambda_i' F_t^{\mathrm{PCA}} + e_{i,t} \qquad (5\text{-}3)$$

式中，$XN_{i,t}$ 为标准化的 X 数据集；F_t^{PCA} 为从国别 EPU 指数数据集中提取的 M 维向量（$M \ll N$），被称为 PCA 扩散指数；λ_i' 为 M 维系数；$e_{i,t}$ 为噪声项。

根据 He 等（2021）的研究，本节考虑了 $M=3$ 的情况。因此，若利用 PCA 扩散指数预测 EUA 期货波动率，则根据式（5-2）可得：

$$LV_{t+1:t+h} = \alpha_0 + \sum_{i=0}^{p-1} \rho_i \, LV_{t-i} + \sigma F_t^{\mathrm{PCA}} + \varepsilon_{t+1:t+h} \qquad (5\text{-}4)$$

PCA 属于无监督的方法，虽然它可以从大量的预测因子中提取关键性信息，但它忽略了目标变量与潜在预测因子之间的联系。为此，Huang 等（2021）提出 SPCA 方法。与 PCA 为所有预测因子分配同等权重不同，SPCA 根据目标信息对每个预测因子依次进行缩放，并未对目标预测更重要的预测因子分配更多的权重。Huang 等（2021）提出的 SPCA 指数分为两步提取扩散指数。

首先，依次对每个变量（$XN_{i,t}$）进行时间序列回归，并对变量进行缩放。先对每一个外生变量构建如下回归：

$$LV_{t+1:t+h} = a_i + b_i \, XN_{i,t} + \varepsilon_{t+1:t+h} \qquad (5\text{-}5)$$

式中，i 为特定国家的 EPU 指数；b_i 为缩放系数。

接着，即可形成缩放后的国别 EPU 数据集$(b_1\,XN_{1,t}, \cdots, b_i\,XN_{i,t})$，进一步对缩放后的数据集进行主成分分析，其表达式为：

$$b_i\,XN_{i,t} = \lambda_i' F_t^{\text{SPCA}} + e_{i,t} \tag{5-6}$$

式中，$b_i\,XN_{i,t}$ 为缩放后的指标；F_t^{SPCA} 为 SPCA 扩散指数。

采用 SPCA 扩散指数对 AR 模型进行扩展，构建的 AR-SPCA 模型，可表示为：

$$LV_{t+1\,:\,t+h} = \alpha_0 + \sum_{i=0}^{p-1} \rho_i\,LV_{t-i} + \partial F_t^{\text{SPCA}} + \varepsilon_{t+1\,:\,t+h} \tag{5-7}$$

PLS 也是一种有监督的学习方法，但 PLS 方法具有更强大的优势。PLS 扩散指数分为两部分提取，即对已实现波动率序列和潜在预测因子集进行如下处理：

$$XN_{i,t-1} = \pi_{i,0} + \pi_i\,LV_t + u_{i,t-1} \tag{5-8}$$

$$XN_{i,t} = \varphi_t + F_t^{\text{PLS}}\hat{\pi}_i + v_{i,t} \tag{5-9}$$

式中，$\hat{\pi}_i$ 为估计系数；F_t^{PLS} 为 PLS 扩散指数。

采用 PLS 扩散指数对 EUA 期货波动率进行预测，结果如下：

$$LV_{t+1\,:\,t+h} = \alpha_0 + \sum_{i=0}^{p-1} \rho_i\,LV_{t-i} + \delta F_t^{\text{PLS}} + \varepsilon_{t+1\,:\,t+h} \tag{5-10}$$

除扩散指数模型外，组合预测方法也可以通过对众多潜在预测因子的使用，实现相对稳健的样本外预测效果。组合预测模型在统计上可以表示为：

$$\widehat{LV}_{t+1}^{\text{c}} = \sum_{n=1}^{N} \omega_{n,t}\,\widehat{LV}_{t+1}^{n} \tag{5-11}$$

式中，$\widehat{LV}_{t+1}^{\text{c}}$ 为第 $t+1$ 月的 EUA 期货波动率的组合预测结果；$\omega_{n,t}$ 为给第 n 个个体模型的预测结果分配的权重；$\widehat{LV}_{t+1}^{n}$ 为第 n 个变量在第 $t+1$ 月产生的预测结果；N 为参与组合的模型总数。

本节考虑了四种组合方法：包括第 1.2.3 节介绍的四种组合方法 MCF、MECF、TMCF 和 DMSPEC。DMSPEC 令第 n 个个体预测的权重为 $\omega_{n,t} = \vartheta_{n,t}^{-1} / \sum_{l=1}^{N} \vartheta_{l,t}^{-1}$，这里 $\vartheta_{l,t} = \sum_{s=m+1}^{t} \theta^{t-s}(LV_s^2 - \widehat{LV}_{l,s}^2)^2$，$m$ 是初始样本内长度，θ 是折扣系数，LV_s 是第 t 月的实际波动率。在本节中，DMSPEC 中的 θ 同时考虑了为 0.9 和 1 的情况。

5.3　数据

本章基于数据可获得性，考虑了全球 EPU（GEPU）以及 21 个发展中国家和发达国家对应的 EPU（后续表格中分别用 China、Russia、India、Singapore、Japan、Korea、Australia、Brazil、Chile、Colombia、Germany、France、Greece、Netherlands、Italy、Sweden、Spain、Ireland、UK、Canada 以及 US 替代），数据均可从"Economic Policy Uncertainty"官方网站下载。为确保数据平稳，所有的

EPU 数据均被对数化处理。

本章从 Wind 数据库下载了 2005 年 4 月至 2021 年 5 月期间的每日 EUA 期货价格数据，并计算了 EUA 期货市场的月度 *RV* 值。图 5-1 绘制了 EUA 期货市场的对数 *RV* 的时间序列。表 5-1 列出了 EUA 市场的对数化月度 *RV* 和对数化 EPU 指数的描述性统计结果，结果表明，22 个 EPU 指数的均值为正，而 EUA 市场 *RV* 均值为负。此外，这些变量的偏度和峰度不一致，EUA 市场 *RV* 值、全球以及 Chile、China、Colombia、Japan、Korea、Spain、Singapore 和 US 的 EPU 指数均为正偏态，而其他国别 EPU 指数均为负偏态。同时，仅有 EUA 市场 *RV* 值以及 Brazil、Germany、France、Greece、Italy、Sweden、Spain、Ireland、Korea 和 US 的 EPU 指数产生了大于 3 的峰度系数，具有更为明显的尖峰肥尾特征。ADF 检验结果表明，所有的数据均是平稳的。Q(3) 和 Q(6) 是 Ljung 和 Box（1978）提出的 Ljung-Box 统计量，可以检验变量自身的自相关性，检验结果对所有数据均拒绝了存在自相关性的原假设。

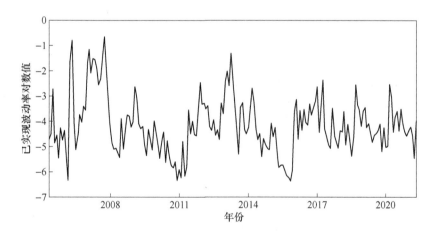

图 5-1 EUA 期货已实现波动率

表 5-1 EUA 市场的对数 RV 和对数化全球以及国别 EPU 指标的描述性统计结果

参数	Mean	Std.	Skew.	Kurt.	ADF	Q(3)	Q(6)
EUA	−4.174	1.129	0.634	3.518	−6.433[①]	145.732[①]	191.715[①]
GEPU	4.899	0.469	0.051	2.549	−2.962[①]	441.312[①]	794.736[①]
Australia	4.585	0.548	−0.179	2.755	−5.373[①]	258.805[①]	402.554[①]
Brazil	5.008	0.548	−0.152	3.477	−6.795[①]	160.706[①]	269.993[①]
Canada	5.162	0.612	−0.303	2.355	−3.124[①]	424.289[①]	752.125[①]
Chile	4.652	0.486	0.180	2.651	−4.838[①]	286.230[①]	510.721[①]
China	4.837	0.654	0.205	2.857	−4.425[①]	379.938[①]	721.213[①]

续表 5-1

参数	Mean	Std.	Skew.	Kurt.	ADF	Q(3)	Q(6)
Colombia	4.656	0.406	0.208	2.995	−5.918①	211.789①	353.032①
France	5.274	0.506	−0.763	3.281	−5.047①	299.159①	516.695①
Germany	4.984	0.488	−0.256	3.331	−6.012①	209.433①	310.593①
Greece	4.547	0.295	−0.169	3.125	−5.320①	241.310①	333.492①
India	4.441	0.512	−0.004	2.451	−5.139①	270.188①	439.021①
Ireland	4.848	0.528	−0.853	3.802	−9.042①	90.915①	149.209①
Italy	4.677	0.390	−0.381	3.199	−6.510①	200.574①	324.303①
Japan	4.665	0.298	0.137	2.942	−4.914①	244.161①	371.795①
Korea	4.888	0.446	0.136	3.006	−5.270①	237.010①	360.994①
Netherlands	4.510	0.419	−0.140	2.877	−7.053①	180.842①	285.174①
Russia	5.029	0.646	−0.072	2.997	−7.081①	169.213①	294.455①
Spain	4.769	0.296	0.036	3.100	−4.265①	314.184①	550.393①
Singapore	4.891	0.485	0.056	2.402	−2.905①	446.699①	805.282①
Sweden	4.550	0.210	−0.207	3.245	−7.237①	131.361①	202.601①
UK	5.340	0.665	−0.468	2.919	−3.313①	431.787①	774.383①
US	4.863	0.446	0.283	3.149	−4.936①	276.192①	464.045①

①在 1% 显著性水平下拒绝原假设。

5.4　实证结果

5.4.1　样本内估计结果

在本章的研究中，首先对样本内的数据进行了系数估计，并深入探讨了不同国家的经济政策不确定性（EPU）对 EUA 期货市场波动率的中长期影响。通过表 5-2 展示的样本内系数估计结果，可以观察到 EPU 对 EUA 期货市场未来 3 个月、6 个月、9 个月和 12 个月波动率的具体影响，以及相应调整后 R^2 值的差异（ΔR^2）。ΔR^2 在这里表示的是在加入国别 EPU 后目标模型调整后的 R^2 与未加入国别 EPU 的基准模型调整后的 R^2 之间的差异，这一指标能够反映国别 EPU 在预测模型中的增量解释能力。

从表 5-2 的结果中可以看出，在预测未来 3 个月的 EUA 期货市场波动率时，仅有哥伦比亚（Colombia）和荷兰（Netherlands）的 EPU 显示出了显著的影响。当将预测期限延长至未来 6 个月和 9 个月时，分别有 11 个和 14 个国家的 EPU 对 EUA 期货市场的波动率产生了显著的影响。这一趋势在预测未来 12 个月的波动率时表现得更为明显，更多的国家 EPU 被证实对 EUA 期货市场的价格波动具有

表 5-2 未来不同时期 AR 扩展模型的样本内预测回归结果

模 型	h=3			h=6			h=9			h=12		
	$\beta_{k\text{-}EPU}$	t-stat	ΔR^2	$\beta_{k\text{-}EPU}$	t-stat	ΔR^2	$\beta_{k\text{-}EPU}$	t-stat	ΔR^2	$\beta_{k\text{-}EPU}$	t-stat	ΔR^2
AR-GEPU	-0.072	-1.024	0.015	-0.148	-1.486	0.355	-0.208③	-1.710	1.073	-0.250③	-1.949	2.021
AR-Australia	-0.083	-1.406	0.096	-0.087	-1.089	0.038	-0.120	-1.334	0.293	-0.173③	-1.770	1.128
AR-Brazil	0.037	0.753	-0.050	-0.006	-0.079	-0.224	-0.073	-0.880	-0.060	-0.116	-1.401	0.408
AR-Canada	-0.051	-1.032	-0.002	-0.155②	-2.095	0.849	-0.230②	-2.446	2.551	-0.259①	-2.619	3.970
AR-Chile	-0.046	-0.699	-0.043	-0.090	-0.939	0.021	-0.128	-1.154	0.277	-0.149	-1.225	0.584
AR-China	-0.057	-1.059	0.041	-0.075	-0.963	0.071	-0.078	-0.833	0.064	-0.091	-0.903	0.229
AR-Colombia	-0.135③	-1.719	0.222	-0.305①	-3.022	1.804	-0.348①	-2.981	2.882	-0.341①	-2.700	3.287
AR-France	-0.094	-1.577	0.112	-0.180②	-2.260	0.742	-0.255②	-2.520	2.029	-0.288①	-2.748	3.200
AR-Germany	-0.079	-1.179	0.057	-0.187②	-2.212	0.861	-0.227②	-2.300	1.609	-0.293①	-2.810	3.463
AR-Greece	-0.100	-0.988	0.000	-0.238	-1.405	0.442	-0.406②	-2.221	2.037	-0.491②	-2.511	3.728
AR-India	0.005	0.080	-0.093	-0.019	-0.219	-0.215	-0.012	-0.130	-0.318	-0.009	-0.099	-0.386
AR-Ireland	-0.063	-1.009	0.016	-0.044	-0.592	-0.158	-0.068	-0.798	-0.128	-0.116	-1.285	0.290
AR-Italy	-0.073	-0.924	-0.010	-0.123	-1.076	0.079	-0.225③	-1.682	0.905	-0.342①	-2.593	3.004
AR-Japan	-0.069	-0.624	-0.053	-0.309②	-2.205	0.811	-0.466①	-2.781	2.541	-0.566①	-3.414	4.633
AR-Korea	-0.071	-0.919	0.005	-0.254②	-2.470	1.359	-0.331①	-2.974	2.939	-0.355①	-3.243	4.071
AR-Netherlands	-0.130③	-1.777	0.224	-0.202②	-1.972	0.748	-0.242②	-2.061	1.369	-0.277②	-2.277	2.256
AR-Russia	0.029	0.654	-0.059	-0.010	-0.143	-0.221	-0.053	-0.629	-0.148	-0.058	-0.646	-0.134
AR-Spain	-0.169	-1.564	0.147	-0.364①	-2.649	1.197	-0.444①	-2.815	2.238	-0.489①	-2.732	3.324
AR-Singapore	-0.068	-0.976	0.011	-0.139	-1.423	0.326	-0.185	-1.544	0.855	-0.226③	-1.793	1.702
AR-Sweden	-0.242	-1.586	0.145	-0.456②	-2.212	0.848	-0.691①	-3.226	2.658	-0.768①	-3.582	4.001
AR-UK	-0.068	-1.444	0.089	-0.128③	-1.870	0.589	-0.176②	-2.235	1.567	-0.214①	-2.580	2.937
AR-US	-0.104	-1.460	0.122	-0.185③	-1.833	0.636	-0.249②	-2.136	1.566	-0.256②	-2.093	1.991

①②③分别表示在1%、5%、10% 显著性水平下拒绝原假设。

显著的长期驱动作用。

此外，在预测期限为 12 个月（$h = 12$）时，大多数模型产生了较大的正 ΔR^2 值。这一发现进一步强调了国别 EPU 在长期内对 EUA 市场波动率具有较好的拟合优度，并且可能在长期样本外预测中发挥更加重要的作用。这也意味着，对于寻求长期投资策略和风险管理的市场参与者来说，考虑国别 EPU 因素可能对于提高预测精度和制定有效决策具有重要价值，特别是在全球经济一体化和政策联动日益增强的背景下。

5.4.2　样本外检验结果

本节采用了滚动窗口方法生成样本外预测结果，其中滚动窗口的长度被设定为整个样本长度的三分之一。滚动窗口预测方法的一个显著优势在于，由于其在预测过程中不断更新样本内数据，因此样本内系数估计结果受经济周期变化的影响较小。这种方法更贴近投资者在实际操作中倾向于忽略某一特定时间点历史信息的行为模式，正因为如此，滚动窗口预测技术在金融市场波动率预测的研究领域得到了广泛的应用和认可。

样本外预测的结果汇总在表 5-3 中。研究结果首先明确指出，在预测未来 3 个月和 6 个月的 EUA 期货市场波动率时，大多数国别 EPU 指数的预测效果并不理想。然而，当预测期限延长至未来 9 个月时，有 11 个预测模型的 R_{oos}^2 值显著为正，其中以 AR-Japan 模型的 R_{oos}^2 值最高，达到了 8.305%；进一步预测未来 12 个月的波动率时，共有 15 个模型的 R_{oos}^2 值显著为正，其中 4 个模型的 R_{oos}^2 值甚至超过了 10%。这些发现表明，国别 EPU 指数主要在长期内对 EUA 期货市场的波动率具有显著的预测能力，而在进行长期波动率预测时，不同国家 EPU 指数的差异性影响是一个不可忽视的因素。

表 5-4 展示了扩散指数模型和组合预测方法的样本外预测评估结果。结果显示，在预测未来 3 个月的 EUA 期货市场波动率时，AR-PCA、AR-PLS 和 AR-SPCA 模型以及 5 种组合预测方法均未能产生显著大于 0 的 R_{oos}^2 值。当预测期限延长至未来 6 个月时，只有 AR-PCA 和 AR-SPCA 模型的 R_{oos}^2 值未能显著大于 0。然而，在预测未来 9 个月和 12 个月的波动率时，只有 AR-SPCA 模型的 R_{oos}^2 值未能显著大于 0。这表明，无论是扩散指数模型还是组合预测方法，都能够产生显著的长期样本外预测效果。这些实证结果进一步验证了本章的假设，即国别 EPU 指数在长期预测 EUA 期货市场波动率方面具有更强的能力。同时，这些结果也表明，组合预测方法和扩散指数模型能够有效地挖掘国别 EPU 指数中蕴含的丰富预测信息，并有助于在长期预测中取得超越单一国别 EPU 指数的预测效果。此外，这些实证发现还证实了一个观点：如果参与降维和组合的大多数单一预测模型的预测能力不强，则扩散指数模型和组合预测模型也难以展现出显著的样本外预测性能。

表 5-3 不同预测期下的 AR 扩展模型样本外预测评估结果

模　型	h = 3		h = 6		h = 9		h = 12	
	$R^2_{oos}/\%$	Adj-MSPE	$R^2_{oos}/\%$	Adj-MSPE	$R^2_{oos}/\%$	Adj-MSPE	$R^2_{oos}/\%$	Adj-MSPE
AR-GEPU	-4.715	0.394	-1.855②	1.955	2.963①	2.656	9.660①	3.466
AR-Australia	-4.643	-0.132	-1.137	1.072	-0.144	1.092	2.451②	1.657
AR-Brazil	-5.463	-1.153	-8.008	-0.412	-9.615	0.074	-8.606	0.671
AR-Canada	-3.445	0.094	-3.357	1.163	-1.421②	2.107	4.271①	2.585
AR-Chile	-4.321	-0.464	-4.813	-0.092	-3.663	0.744	-1.386	1.135
AR-China	0.111	1.225	2.642①	2.429	6.512①	3.256	10.859①	3.850
AR-Colombia	-1.441	0.771	0.261②	2.042	1.380②	2.255	1.671②	2.129
AR-France	-2.232	-0.328	-1.541	0.796	0.420③	1.628	2.486②	2.133
AR-Germany	-2.047	-0.379	-0.757③	1.518	3.386②	2.077	8.126①	2.633
AR-Greece	-4.145	-0.843	-2.826	0.482	0.821②	2.026	8.187①	3.703
AR-India	-4.987	0.826	-6.444	1.089	-4.637③	1.323	-2.856③	1.314
AR-Ireland	0.963③	1.484	-1.509	0.945	-3.310	0.469	-0.995	0.676
AR-Italy	-4.892	-0.255	-1.529	0.695	-1.675③	1.405	-0.925②	1.669
AR-Japan	-1.035	0.239	1.279③	1.393	8.305①	2.975	15.090①	3.982
AR-Korea	-3.175	0.103	1.318②	2.050	6.931①	2.790	14.647①	3.410
AR-Netherlands	-0.885	0.990	-2.809	0.956	-1.211③	1.472	1.409②	1.734
AR-Russia	-0.871③	1.425	-1.494	0.663	-0.933	0.838	0.405③	1.382
AR-Spain	-7.749	-0.139	-15.564	0.805	-19.645	1.096	-14.367③	1.609
AR-Singapore	-5.701	0.198	-1.089②	1.961	4.177①	2.746	11.718①	3.760
AR-Sweden	-0.815	0.798	0.758③	1.623	4.770②	2.190	7.151①	2.362
AR-UK	-9.840	0.333	-7.656	0.847	-7.603③	1.551	-2.235②	2.173
AR-US	-1.550	0.642	3.700①	2.381	6.295①	2.336	8.597①	2.759

注：表中为 Clark 和 West (2007) 经调整后的 MSPE 统计量，以及 R^2_{oos}。
①②③分别表示在1%、5%、10%显著性水平下拒绝原假设。

表 5-4 未来不同时期将降维技术与组合方法相结合构建 AR 扩展模型的样本外预测回归结果

模　型	$h=3$		$h=6$		$h=9$		$h=12$	
	$R^2_{oos}/\%$	Adj-MSPE	$R^2_{oos}/\%$	Adj-MSPE	$R^2_{oos}/\%$	Adj-MSPE	$R^2_{oos}/\%$	Adj-MSPE
AR-PCA	-5.022	-0.153	-3.622	0.866	1.229②	1.803	7.866①	2.596
AR-PLS	-2.265	1.311	1.247①	2.479	0.969①	3.401	8.089①	4.593
AR-SPCA	-3.932	1.035	-3.637	2.088	-12.063	2.241	-7.718	2.833
MCF	0.086	0.72	3.429②	1.872	7.633①	2.529	13.700①	3.316
MECF	-0.58	0.344	1.448③	1.342	5.308②	2.094	10.010①	2.712
TMCF	-0.093	0.625	2.949②	1.753	7.388①	2.483	12.995①	3.197
DMSPEC (0.9)	-0.088	0.629	3.872②	2.002	8.965①	2.737	16.674①	3.579
DMSPEC (1)	-0.030	0.665	3.478②	1.911	7.910①	2.566	14.630①	3.334

注：表中为 Clark 和 West (2007) 经 MSPE 调整后的统计数据，以及样本外 R^2_{oos}。
①②③分别表示在 1%、5%、10% 显著性水平下拒绝原假设。

5.5　稳健性检验

5.5.1　更换预测评估方法

在本节中，为了验证研究结果的稳健性，将之前使用的滚动窗口算法替换为递归窗口方法，并进行了一系列的样本外预测评估。递归窗口方法通过在预测过程中逐步增加新的数据点，同时丢弃最早的数据点，以此来模拟实际投资决策中的情景。这种方法有助于我们评估模型在实际应用中的适应性和可靠性，相应的样本外预测评估结果详细记录在表 5-5 中。

研究结果表明，在预测未来 3 个月和 6 个月的 EUA 期货波动率时，国别 EPU 指数的预测效果并不尽如人意。然而，当将预测期限延长至未来 9 个月和 12 个月时，国别 EPU 指数的预测效果显著提升。特别是 Colombia、France、Germany、Japan 和 Sweden 这五个国家的 EPU 指数，在长期预测中展现出了较好的效果，它们对未来 9 个月和 12 个月的 EUA 市场波动率产生了显著为正的样本外 R_{oos}^2 值。

进一步分析扩散指数模型和组合预测方法，本章发现这些模型在进行长期波动率预测时，尤其是对未来 12 个月的波动率预测时，其 R^2 值才能显著为正。这一发现与前文的研究结果相吻合，进一步证实了国别 EPU 指数在长期内对碳排放市场波动率具有较强的预测能力。

这些稳健性检验的结果为我们提供了信心，即使在不同的样本外预测方法下，国别 EPU 指数对 EUA 期货市场波动率的长期预测能力依然显著。

5.5.2　高（低）波动期

在本章的研究中，深入探讨了国别经济政策不确定性（EPU）指数在预测欧洲联盟（EU）农业期货（EUA）市场波动率方面的有效性。为了更细致地评估预测效果，将研究分为两个阶段：高波动率时期和低波动率时期。通过对比这两个时期的预测结果，希望揭示 EPU 指数在不同市场状况下的表现差异。

首先，通过表 5-6 和表 5-7 展示了在高波动率和低波动率时期的样本外预测评估结果。在对 EUA 期货市场未来 3 个月波动率的预测中，发现无论是在高波动率时期还是低波动率时期，EPU 指数的预测效果并不显著。然而，当将预测期限延长到 6 个月时，特别是在低波动率时期，EPU 指数的预测能力有了显著提升。当进一步考察未来 9 个月乃至 12 个月的波动率预测时，EPU 指数展现出了更加出色的表现，尤其是在预测未来 12 个月的波动率时，其预测效果尤为显著。

具体来说，在低波动率时期的 30 个模型中，有 29 个模型的样本外拟合优度 R_{oos}^2 显著为正，其中扩散指数模型和组合预测方法的 R_{oos}^2 值为 26.117% ~ 45.781%，显示出了极高的预测准确性。而在高波动率时期，虽然仍有 19 个模型的 R_{oos}^2 显著

表 5-5　不同预测期下递归窗口方法的波动率预测评估结果

模　型	h = 3		h = 6		h = 9		h = 12	
	R^2_{oos} /%	Adj-MSPE	R^2_{oos} /%	Adj-MSPE	R^2_{oos} /%	Adj-MSPE	R^2_{oos} /%	Adj-MSPE
AR-GEPU	-6.310	-0.244	-4.976③	1.311	-3.672②	2.045	1.481①	2.630
AR-Australia	-5.719	-0.317	-4.573	0.145	-1.246	0.819	2.603③	1.611
AR-Brazil	-2.446	-0.686	-3.232	-0.968	-0.872	0.388	0.255	0.945
AR-Canada	-3.925	-0.282	-4.464③	1.496	-5.376①	2.347	-0.069①	2.705
AR-Chile	-0.879	-0.348	-0.470	0.483	0.151	0.978	1.090③	1.354
AR-China	-5.315	0.205	-6.929	0.755	-4.407	1.237	-1.993②	1.651
AR-Colombia	-3.274	1.080	2.283①	2.655	6.914①	3.042	7.319①	3.016
AR-France	-1.160	0.338	-1.605	1.156	0.550②	2.001	5.401①	2.642
AR-Germany	-0.464	0.449	2.627②	2.138	3.328①	2.363	7.654①	2.897
AR-Greece	-4.448	-0.375	-2.843	1.067	-0.315①	2.350	6.741①	3.583
AR-India	-4.630	-1.083	-3.821	-0.097	-2.011	0.402	-1.690	0.374
AR-Ireland	-4.478	-0.059	-5.286	-1.088	-4.421	-0.688	-3.032	0.283
AR-Italy	-3.025	-0.683	-4.292	0.458	-3.471③	1.604	-0.539②	2.282
AR-Japan	-2.321	-0.494	2.108③	1.564	7.585①	2.739	12.454①	3.593
AR-Korea	-3.400	-0.074	-9.206②	1.701	-7.971①	2.390	-2.242①	2.769

续表 5-5

模　型	$h=3$		$h=6$		$h=9$		$h=12$	
	$R^2_{oos}/\%$	Adj-MSPE	$R^2_{oos}/\%$	Adj-MSPE	$R^2_{oos}/\%$	Adj-MSPE	$R^2_{oos}/\%$	Adj-MSPE
AR-Netherlands	-3.401	0.170	-5.345	0.520	-7.863	0.758	-4.136③	1.317
AR-Russia	-1.148	0.320	-1.637	-1.413	-1.782	0.307	-1.151	0.610
AR-Spain	-7.237	0.156	-10.663	1.109	-9.384③	1.612	-5.216②	2.105
AR-Singapore	-6.653	-0.304	-6.176	1.200	-3.697②	1.943	1.665①	2.611
AR-Sweden	1.107	1.012	4.116②	2.004	8.620①	2.801	10.264①	2.967
AR-UK	-16.034	-0.439	-15.005	0.876	-9.395②	1.956	-0.577①	2.557
AR-US	-5.061	0.201	-1.167③	1.622	-1.002②	1.922	1.707②	2.099
AR-PCA	-5.218	0.098	-3.998③	1.418	-0.959②	2.192	5.892①	2.801
AR-PLS	-6.665	0.242	-4.246	1.700	0.299①	2.535	8.267①	3.108
AR-SPCA	-7.385	0.135	-5.832③	1.621	-0.963①	2.559	7.559①	3.142
MCF	-1.883	0.057	1.284③	1.566	5.047①	2.359	9.643①	2.914
MECF	-1.927	0.031	0.685③	1.429	4.148②	2.211	8.536①	2.753
TMCF	-1.794	0.062	1.003③	1.493	4.910①	2.340	9.409①	2.882
DMSPEC (0.9)	-1.850	0.036	2.356②	1.816	6.527①	2.600	11.719①	3.108
DMSPEC (1)	-1.865	0.046	1.572②	1.679	5.311①	2.431	10.169①	2.935

注：表中为 Clark 和 West（2007）经调整后的 MSPE 统计数据，以及 R^2_{oos}。
①②③分别表示在 1%、5%、10% 显著性水平下拒绝原假设。

表 5-6　高波动率时期的样本外预测性能

模　型	h = 3 R_{oos}^2 / %	h = 3 Adj-MSPE	h = 6 R_{oos}^2 / %	h = 6 Adj-MSPE	h = 9 R_{oos}^2 / %	h = 9 Adj-MSPE	h = 12 R_{oos}^2 / %	h = 12 Adj-MSPE
AR-GEPU	-6.31	-0.244	-4.976[3]	1.311	-3.672[2]	2.045	1.481[1]	2.63
AR-Australia	-5.719	-0.317	-4.573	0.145	-1.246	0.819	2.603[3]	1.611
AR-Brazil	-2.446	-0.686	-3.232	-0.968	-0.872	0.388	0.255	0.945
AR-Canada	-3.925	-0.282	-4.464[3]	1.496	-5.376[1]	2.347	-0.069[1]	2.705
AR-Chile	-0.879	-0.348	-0.47	0.483	0.151	0.978	1.090[3]	1.354
AR-China	-5.315	0.205	-6.929	0.755	-4.407	1.237	-1.993[2]	1.651
AR-Colombia	-3.274	1.08	2.283[1]	2.655	6.914[1]	3.042	7.319[1]	3.016
AR-France	-1.16	0.338	-1.605	1.156	0.550[2]	2.001	5.401[1]	2.642
AR-Germany	-0.464	0.449	2.627[2]	2.138	3.328[1]	2.363	7.654[1]	2.897
AR-Greece	-4.448	-0.375	-2.843	1.067	-0.315[1]	2.35	6.741[1]	3.583
AR-India	-4.63	-1.083	-3.821	-0.097	-2.011	0.402	-1.69	0.374
AR-Ireland	-4.478	-0.059	-5.286	-1.088	-4.421	-0.688	-3.032	0.283
AR-Italy	-3.025	-0.683	-4.292	0.458	-3.471[3]	1.604	-0.539[2]	2.282
AR-Japan	-2.321	-0.494	2.108[3]	1.564	7.585[1]	2.739	12.454[1]	3.593
AR-Korea	-3.4	-0.074	-9.206[2]	1.701	-7.971[1]	2.39	-2.242[1]	2.769
AR-Netherlands	-3.401	0.17	-5.345	0.52	-7.863	0.758	-4.136[3]	1.317

续表 5-6

模 型	$h=3$		$h=6$		$h=9$		$h=12$	
	R^2_{oos} /%	Adj-MSPE	R^2_{oos} /%	Adj-MSPE	R^2_{oos} /%	Adj-MSPE	R^2_{oos} /%	Adj-MSPE
AR-Russia	-1.148	0.32	-1.637	-1.413	-1.782	0.307	-1.151	0.61
AR-Spain	-7.237	0.156	-10.663	1.109	-9.384③	1.612	-5.216②	2.105
AR-Singapore	-6.653	-0.304	-6.176	1.2	-3.697②	1.943	1.665②	2.611
AR-Sweden	1.107	1.012	4.116②	2.004	8.620①	2.801	10.264①	2.967
AR-UK	-16.034	-0.439	-15.005	0.876	-9.395②	1.956	-0.577①	2.557
AR-US	-5.061	0.201	-1.167③	1.622	-1.002②	1.922	1.707②	2.099
AR-PCA	-5.218	0.098	-3.998③	1.418	-0.959②	2.192	5.892①	2.801
AR-PLS	-6.665	0.242	-4.246	1.7	0.299①	2.535	8.267①	3.108
AR-SPCA	-7.385	0.135	-5.832③	1.621	-0.963①	2.559	7.559①	3.142
MCF	-1.883	0.057	1.284③	1.566	5.047①	2.359	9.643①	2.914
MECF	-1.927	0.031	0.685③	1.429	4.148②	2.211	8.536①	2.753
TMCF	-1.794	0.062	1.003③	1.493	4.910①	2.34	9.409①	2.882
DMSPEC (0.9)	-1.85	0.036	2.356②	1.816	6.527①	2.6	11.719①	3.108
DMSPEC (1)	-1.865	0.046	1.572②	1.679	5.311①	2.431	10.169①	2.935

注：当 R^2_{oos} 为正时，表明模型的预测精度较高。表中为 Clark 和 West（2007）经 MSPE 调整后的统计数据，以及样本外 R^2_{oos}。
①②③分别表示在 1%、5%、10% 显著性水平下拒绝原假设。

表5-7　低波动率时期的样本外预测性能

模　型	h = 3		h = 6		h = 9		h = 12	
	$R^2_{oos}/\%$	Adj-MSPE	$R^2_{oos}/\%$	Adj-MSPE	$R^2_{oos}/\%$	Adj-MSPE	$R^2_{oos}/\%$	Adj-MSPE
AR-GEPU	-5.104	0.599	4.036②	1.892	13.363①	2.706	30.046①	3.612
AR-Australia	4.564	1.225	12.789②	2.174	14.612①	2.414	11.187②	1.947
AR-Brazil	-5.921	-0.897	-1.267	0.665	5.220③	1.474	10.597②	2.054
AR-Canada	-5.290	-0.112	0.438	1.074	7.528②	2.023	21.409①	2.602
AR-Chile	-6.941	-0.788	-4.197	0.275	-3.657	0.987	3.690②	1.866
AR-China	2.052③	1.343	5.197②	2.137	8.749①	2.801	17.896①	3.058
AR-Colombia	4.338③	1.643	20.544①	2.440	21.029①	2.676	17.370①	2.563
AR-France	0.670	0.540	7.972②	1.712	15.075①	2.457	23.991①	3.117
AR-Germany	1.333	0.914	5.196②	1.671	12.303①	2.417	24.534①	3.178
AR-Greece	1.382	1.028	4.025③	1.583	8.515②	2.229	13.443①	3.142
AR-India	10.459①	2.505	19.085①	3.178	25.622①	3.838	18.852①	3.318
AR-Ireland	1.056	1.184	1.393	1.202	-1.082	0.668	4.690	1.167
AR-Italy	-6.331	0.026	9.811①	2.381	18.736①	3.077	26.526①	2.694
AR-Japan	1.464	1.001	5.398③	1.430	3.342③	1.638	13.813①	2.769
AR-Korea	-1.489	0.551	8.128②	2.111	17.375①	2.617	29.174①	2.979

续表 5-7

模　型	h = 3		h = 6		h = 9		h = 12	
	$R^2_{oos}/\%$	Adj-MSPE	$R^2_{oos}/\%$	Adj-MSPE	$R^2_{oos}/\%$	Adj-MSPE	$R^2_{oos}/\%$	Adj-MSPE
AR-Netherlands	2.839③	1.583	17.536①	2.649	21.836①	2.823	23.506①	2.815
AR-Russia	-7.158	0.444	-10.679	-0.780	-3.636	0.213	1.798③	1.497
AR-Spain	6.149	1.157	10.548②	1.747	17.287①	2.359	33.438①	2.961
AR-Singapore	-5.892	0.528	4.257②	1.927	13.062①	2.715	28.885①	3.611
AR-Sweden	5.297②	2.187	8.825①	2.385	19.405①	2.808	24.617①	3.093
AR-UK	-2.507	0.735	8.232③	1.620	16.474①	2.860	36.004①	3.605
AR-US	1.495	1.066	0.245③	1.308	9.957②	1.707	15.927①	2.330
AR-PCA	-0.763	0.786	4.698③	1.358	15.970②	2.171	29.157①	2.859
AR-PLS	-0.236③	1.319	15.768①	2.675	28.668①	3.907	45.781①	4.569
AR-SPCA	-1.345	1.245	12.013①	2.498	27.004①	3.587	32.010①	3.404
MCF	3.416③	1.373	12.230①	2.538	21.127①	3.178	30.710①	3.720
MECF	1.923	1.067	9.393②	2.225	17.588①	2.854	26.117①	3.297
TMCF	3.072③	1.307	11.075①	2.406	19.994①	3.082	29.076①	3.581
DMSPEC (0.9)	3.264③	1.340	13.004①	2.551	22.885①	3.196	35.148①	3.814
DMSPEC (1)	3.281③	1.343	12.648①	2.521	22.082①	3.118	33.100①	3.663

注：当 R^2_{oos} 为正时，表明模型的预测精度较高。表中为 Clark 和 West（2007）经 MSPE 调整后的统计数据，以及样本外 R^2_{oos}。
①②③分别表示在 1%、5%、10% 显著性水平拒绝原假设。

为正，但扩散指数模型和组合预测方法的 R_{oos}^2 值则在 5.892% ～11.719%，相对较低。

通过这些发现，可以得出一个重要的结论：EPU 指数在预测 EUA 期货市场未来长期低波动率方面更为有效。此外，扩散指数模型和组合预测方法在整合多个国别 EPU 指数的信息时，能够提供更加稳健的预测效果，尤其是在经济相对平稳的低波动率时期，这些模型能够更加准确地预测 EUA 期货市场的长期波动。

在本节的稳健性检验中，基本上确认了前文的研究成果。首先，考虑国别经济政策不确定性指数对于预测 EUA 期货市场波动率至关重要。其次，通过组合预测方法和扩散指数模型的综合应用，可以显著提高对 EUA 期货市场长期波动率的预测准确性。最后，国别 EPU 指数在经济相对稳定的低波动率时期，能够更加有效地预测 EUA 期货市场的长期波动。

综上所述，本章不仅为理解和预测 EUA 期货市场波动率提供了新的视角，而且为投资者和决策者在面对不同市场状况时，如何利用 EPU 指数进行风险管理和策略制定提供了有价值的参考。

6 EUA 波动率预测研究：基于
分类经济政策不确定性指数[①]

6.1 概述

在全球化的经济环境中，EUA 的定价机制不仅与欧盟国家的经济状况紧密相连，而且受到全球多数国家经济状况的影响，这种全球经济一体化的特点使得不同国家的经济政策不确定性对 EUA 市场产生了差异化的影响。然而，由于经济政策通常针对特定的经济领域或问题而制定，因此单一的国别经济政策不确定性（EPU）可能无法全面捕捉到影响 EUA 期货市场波动率的所有关键信息。不同类型的经济政策可能对 EUA 期货市场的波动性产生不同程度的影响，这使得对这些政策的预测作用进行深入研究变得尤为重要。

尽管如此，根据现有的文献检索，目前尚无研究全面地探索并比较分类 EPU 指数对 EUA 期货市场月度波动的可预测性。鉴于此，本章的研究重点放在了分类 EPU 指数对 EUA 期货市场月度波动预测能力的研究上。通过深入分析不同类型的经济政策不确定性，本章旨在揭示它们对 EUA 期货市场波动率的具体影响，并评估这些分类 EPU 指数在预测市场波动率方面的有效性。

研究分类 EPU 指数对 EUA 期货市场波动率的预测能力，对于投资者和政策制定者来说具有重要的实际意义。首先，这将使他们能够从经济政策信息中提取更为丰富和具体的信息，从而提高对 EUA 期货市场波动率的预测精度。其次，通过更好地理解不同经济政策对市场波动的影响，投资者可以及时调整其投资策略，以规避潜在的市场风险。同时，政策制定者可以利用这些信息来优化碳交易市场的管理，促进市场的稳定发展。最终，这些深入的分析和理解将有助于实现在碳交易市场中规避风险、获取经济效益的目标。

在金融市场波动率预测的研究领域，学者们不断地探索和开发新的预测方法，以期提高样本外预测的准确性。这些研究通常集中在改进现有的模型或者引入新的统计技术，以便更有效地捕捉市场动态和波动性的本质特征。

[①] 本章主要内容已发表于著名经济学期刊 *International Review of Economics and Finance*。

在众多的波动率预测模型中，GARCH 族模型因能够捕捉时间序列数据的波动聚集特性而广受欢迎。此外，HAR-RV 模型也因在处理非线性和非对称效应方面的优越性而被广泛应用于金融市场波动率的分析。

然而，随着金融市场的发展和交易数据的高频化，MIDAS-RV 模型因独特的优势而逐渐受到关注。与 HAR-RV 模型相比，MIDAS-RV 模型在样本外预测精度上表现出了显著的优势。这一优势主要源于 MIDAS-RV 模型能够以较少的参数捕捉到波动率预测中的多阶滞后效应，并且能够有效地减少过拟合的风险。

鉴于 MIDAS-RV 模型在高频波动率预测中的优异表现，本章研究旨在将 MIDAS 模型应用于月度波动率的预测中，通过在 MIDAS 回归框架下进行深入分析，探讨并比较分类 EPU 指数对于欧盟碳排放权（EUA）市场未来波动率预测的潜在价值和有效性，通过这种方法，可以更好地理解市场波动性的驱动因素。

为了深入探讨分类 EPU 指数在金融市场波动率预测中的样本外预测能力，本章研究采取了一种系统化的方法，即将这些分类 EPU 指数逐步纳入基准模型中，从而构建了 MIDAS-X 模型。这种模型构建方法允许评估每个预测因子对波动率预测的独立贡献，并进一步理解它们在不同时间尺度上的作用机制。

然而，金融市场的复杂性意味着单个预测因子对波动率的影响可能会随时间而变化，这种动态性要求在构建预测模型时必须考虑到时间的演变特性。实证研究表明，基于单个预测因子构建的波动率预测模型在样本外的预测性能有时会不尽如人意。这种不稳定性提示，在金融市场波动率的预测中，可能需要考虑多个潜在预测因子的联合效应。

尽管如此，直接在基准模型中添加多个预测因子可能会导致过拟合问题，从而影响模型预测的准确性。为了解决这一问题，本章在 MIDAS 回归框架下，采用了 Rapach 等（2010）提出的四种组合预测方法。这些方法通过不同的统计技术，旨在提高模型的预测能力，同时控制过拟合的风险。此外，本章研究还借鉴了 Yan 等（2022）所使用的三种降维方法，这些方法通过减少模型中预测因子的数量，从而提高模型的稳定性和预测精度。

在金融市场波动率预测的研究中，Tibshirani（1996）提出的 LASSO（Least Absolute Shrinkage and Selection Operator）方法因在变量选择和正则化方面的卓越性能而受到广泛关注。LASSO 方法通过在优化过程中施加 L1 范数惩罚，实现了变量选择和模型复杂度的自动调整，从而在保持模型简洁的同时提高了预测的准确性。鉴于 LASSO 方法的这些优点，本章探讨了在 MIDAS（Multiple Indicator and Single Equation）回归框架下，利用 LASSO 方法整合多个分类 EPU（Economic

Policy Uncertainty）指数信息，以提升对 EUA（European Union Allowance）期货市场波动率的预测精度。通过这种方法，构建了 LASSO-MIDAS 模型，旨在通过选择最有影响力的预测因子，提高模型的预测表现。

此外，金融市场波动率的另一个重要特征是结构性变化，即市场状态的转换。这种结构性变化通常表现为波动率的突然上升或下降，反映了市场对新信息的不同反应。为了捕捉这种结构性变化，马尔可夫机制转换（Markov Regime Switching，MRS）模型被广泛应用于波动率预测研究中。研究表明，考虑 MRS 结构的波动率预测模型能够有效地提高样本外预测精度。因此，本章进一步探讨了结合 MRS 结构的 LASSO 方法在预测 EUA 期货市场波动率方面的潜力，并构建了 MRS-LASSO-MIDAS 模型。该模型不仅利用了 LASSO 在变量选择上的优势，还考虑了市场状态变化对波动率预测的影响。通过这些创新性的模型构建，本章旨在提供一个更为全面和精确的框架，用于分析和预测 EUA 期货市场的波动率。这些模型的构建和应用，不仅有助于学术界更深入地理解金融市场波动性的复杂性，也为实践者提供了更为有效的风险管理和投资决策工具。据文献检索，目前尚未有研究通过构建 LASSO-MIDAS 和 MRS-LASSO-MIDAS 模型来综合利用分类 EPU 指数的信息，以预测 EUA 期货市场波动率，本章的研究填补了这一空白。

6.2 研究方法

6.2.1 基准模型

为了评估分类 EPU 指数对月度 EUA 期货波动率的可预测性，本章定义 MIDAS-RV 模型为基准模型，并通过在 MIDAS-RV 模型中添加一个分类 EPU 指数作为额外的预测因子构建 MIDAS-X 模型。下面给出 MIDAS-RV 模型和 MIDAS-X 模型的计算公式。

MIDAS-RV：

$$LV_{t+h} = \beta_0 + \beta_{LV} \sum_{i=1}^{K} B(i, \theta_1^{LV}, \theta_2^{LV}) LV_{t-i+1} + \varepsilon_{t+h} \tag{6-1}$$

MIDAS-X：

$$LV_{t+h} = \beta_0 + \beta_{LV} \sum_{i=1}^{K} B(i, \theta_1^{LV}, \theta_2^{LV}) LV_{t-i+1} + \beta_{X,n} \sum_{i=1}^{K} B(i, \theta_1^{X}, \theta_2^{X}) \ln(X_{n,t-i+1}) + \varepsilon_{t+h} \tag{6-2}$$

式中，$LV_{t-i+1} = \ln(LV_{t-i+1})$；$LV_{t+h}$ 为未来 h 个月 EUA 市场 RV 的自然对数，$LV_{t+h} = \ln[1/h(RV_{t+1} + \cdots + RV_{t+h})]$；$K$ 为 RV 和 X_n 变量的最大滞后阶数，本章

将 K 设为 6。X_n 为第 n 个分类 EPU 指数，且 $n = 1, \cdots, 12$；$B(i, \theta_1, \theta_2)$ 为用于对 K 阶滞后的 RV 和 X 序列进行加权的权重项。

根据 Ghysels 等（2006）和 Ma 等（2019）的工作，$B(i, \theta_1, \theta_2)$ 定义为如下的 Beta 多项式：

$$B(i, \theta_1, \theta_2) = \frac{f\left(\dfrac{i}{K}, \theta_1, \theta_2\right)}{\sum\limits_{i=1}^{K} f\left(\dfrac{i}{K}, \theta_1, \theta_2\right)} \tag{6-3}$$

这里，$f\left(\dfrac{i}{K}, \theta_1, \theta_2\right)$ 是一个用于确保加权项大于 0 的函数。它可以被计算为：

$$f(x, a, b) = \frac{x^{a-1}(1-x)^{b-1}\Gamma(a+b)}{\Gamma(a)\Gamma(b)} \tag{6-4}$$

$$\Gamma(a) = \int_0^\infty e^{-x} x^{a-1} dx \tag{6-5}$$

受 Ma 等（2019）和 Lu 等（2020a）工作的启发，本章设 θ_1 为 1。

6.2.2　组合预测方法

Rapach 等（2010）在研究中展示了组合预测方法在预测股票市场收益方面的有效性，这种方法通过整合多个潜在预测因子的信息，能够产生更为稳健的波动率预测结果。自此以后，组合预测方法因在提高预测准确性方面的潜力而被广泛应用于金融市场波动率的预测研究。

鉴于此，本章进一步探讨了 Rapach 等（2010）提出的组合预测方法在处理多个分类 EPU（Economic Policy Uncertainty）指数时的适用性，以期对 EUA（European Union Allowance）市场的波动率进行更为稳健的预测。在本章中，将重点考察四种具体的组合预测方法：MCF（Mean Combination Forecast）、MECF（Mean Absolute Error Combination Forecast）、TMCF（Truncated Mean Combination Forecast）和 DMSPEC（Dynamic Model Specification Combination Forecast）。这些方法通过不同的技术手段，旨在从多个预测因子中提取关键信息，以增强预测模型的整体性能。

特别地，对于 DMSPEC 方法，我们将考虑两个不同的折扣因子，即 1.0 和 0.9，以评估折扣因子的选择对预测结果的影响。通过这种细致的方法论考量，本章旨在深化对组合预测方法在金融市场波动率预测中的应用和效果的理解，从而为金融市场的参与者提供更为精确和可靠的预测工具。

6.2.3　扩散指数模型

参考 He 等（2021）和 Yan 等（2022）的研究，本章探讨根据三种降维方法

（PCA、PLS 和 SPCA）从多个分类 EPU 指数中提取的扩散指数是否可以用于预测 EUA 期货市场的波动率。因此，本章构建了以下扩散指数模型。

MIDAS-PCA：

$$
LV_{t+h} = \beta_0 + \beta_{LV} \sum_{i=1}^{K} B(i,\theta_1^{LV},\theta_2^{LV}) LV_{t-i+1} + \beta_{PCA} \sum_{i=1}^{K} B(i,\theta_1^{PCA},\theta_2^{PCA}) X_{t-i+1}^{PCA} + \varepsilon_{t+h}
$$

$$(6-6)$$

MIDAS-PLS：

$$
LV_{t+h} = \beta_0 + \beta_{LV} \sum_{i=1}^{K} B(i,\theta_1^{LV},\theta_2^{LV}) LV_{t-i+1} + \beta_{PLS} \sum_{i=1}^{K} B(i,\theta_1^{PLS},\theta_2^{PLS}) X_{t-i+1}^{PLS} + \varepsilon_{t+h}
$$

$$(6-7)$$

MIDAS-SPCA：

$$
LV_{t+h} = \beta_0 + \beta_{LV} \sum_{i=1}^{K} B(i,\theta_1^{LV},\theta_2^{LV}) LV_{t-i+1} + \beta_{SPCA} \sum_{i=1}^{K} B(i,\theta_1^{SPCA},\theta_2^{SPCA}) X_{t-i+1}^{SPCA} + \varepsilon_{t+h}
$$

$$(6-8)$$

式中，X_{t-i+1}^{PCA} 为 PCA 扩散指数；X_{t-i+1}^{PLS} 为 PLS 扩散指数；X_{t-i+1}^{SPCA} 为 SPCA 扩散指数。上述这些降维技术方法详见 Yan 等（2022）的研究。

6.2.4 机器学习方法

Tibshirani（1996）的 LASSO 方法通常表现出稳健和优于传统组合预测方法和扩散指数模型的预测性能。本章以 LASSO 方法为例，将该机器学习方法和马尔可夫机制转换方法加入 MIDAS 回归框架中，构建 LASSO-MIDAS 模型和 MRS-LASSO-MIDAS 模型，动态捕获多个分类 EPU 指数对 EUA 期货波动率差异化的多阶滞后影响，并检验这两个模型在预测 EUA 期货波动率方面的性能。

参考 Marsilli（2014）和 Silverstovs（2017）的研究，LASSO-MIDAS 模型可以表示为：

$$
LV_{t+h} = \beta_0 + \sum_{i=1}^{N+1} \beta_i \sum_{j=1}^{K} B(j,\theta_1^{X^i},\theta_2^{X^i}) X_{t-j+1}^i + \varepsilon_{t+h} \qquad (6-9)
$$

式中，N 为 EPU 分类指数的总数，对 $i=1$，有 $X_{t-j+1}^i = LV_{t-j+1}$。

当 $\theta_1^{X^i}=1$ 时，LASSO-MIDAS 模型估计的参数可通过求解以下优化问题得到：

$$
[\hat{\beta},\hat{\theta}_2] = \arg_{\beta,\theta_2} \min \sum_t \left[\ln(RV_{t+h}) - \beta_0 - \sum_{i=1}^{N+1} \beta_i \sum_{j=1}^{K} B(j,\theta_1^{X^i},\theta_2^{X^i}) X_{t-j+1}^i \right]^2 + \lambda \sum_i |\beta_i|
$$

$$(6-10)$$

式中，$\hat{\beta}$ 和 $\hat{\theta}_2$ 为估计出的系数集；λ 为控制 LASSO 惩罚强度的外生参数。

现有文献指出，金融市场波动率序列通常存在结构性突变（机制转换），构建具有马尔可夫机制转换结构的预测模型有助于提高金融市场波动率的样本外预测精度。因此，本节进一步探讨了 MRS-LASSO-MIDAS 模型是否也有助于提高对 EUA 期货市场波动率的样本外预测精度。MRS-LASSO-MIDAS 模型可以表示为：

$$LV_{t+h} = \beta_{0,S_t} + \sum_{i=1}^{N+1} \beta_{i,S_t} \sum_{j=1}^{K} B(j, \theta_1^{X^i}, \theta_2^{X^i}) X_{t-j+1}^i + \varepsilon_{t+1}^{S_t} \qquad (6\text{-}11)$$

$$[\hat{\beta}, \hat{\theta}_2] = \arg_{\beta_{S_t}, \theta_2} \min \sum_t \left[\ln(RV_{t+h}) - \beta_{0,S_t} - \sum_{i=1}^{N+1} \beta_{i,S_t} \sum_{j=1}^{K} B(j, \theta_1^{X^i}, \theta_2^{X^i}) X_{t-j+1}^i \right]^2 +$$

$$\lambda \sum_i |\beta_{i,S_t}| \qquad (6\text{-}12)$$

式中，S_t 为状态函数，$\varepsilon_{S_t} \sim (0, \delta_{S_t}^2)$。

本章中，$S_t = 0$ 和 $S_t = 1$ 分别为低波动率和高波动率状态，这两个状态之间的转移概率矩阵为：

$$P = \begin{bmatrix} p^{00} & 1-p^{00} \\ 1-p^{11} & p^{11} \end{bmatrix} \qquad (6\text{-}13)$$

式中，$p^{00} = p(S_t = 0 \mid S_{t-1} = 0)$，$p^{11} = p(S_t = 1 \mid S_{t-1} = 1)$，$p^{01} = 1 - p^{00} = p(S_t = 1 \mid S_{t-1} = 0)$，$p^{10} = 1 - p^{11} = p(S_t = 0 \mid S_{t-1} = 1)$。

令 ξ_t^1 和 ξ_t^2 表示 $S_t = 0$ 和 $S_t = 1$ 发生的概率：

$$\xi_t^0 = P(S_t = 0) \qquad (6\text{-}14)$$

$$\xi_t^1 = P(S_t = 1) \qquad (6\text{-}15)$$

式中，ξ_t^0，$\xi_t^1 \in [0,1]$，$\xi_t^0 + \xi_t^1 \equiv 1$，且先验概率（或预测概率）为：$p(S_{t+1} = 0 \mid t) = p^{00}\xi_t^0 + p^{10}\xi_t^1$ 和 $p(S_{t+1} = 1 \mid t) = p^{01}\xi_t^0 + p^{11}\xi_t^1$，$p(S_{t+1} = 0 \mid t) + p(S_{t+1} = 1 \mid t) = 1$。

6.3　数据

本章使用的数据包括月度 EUA 期货市场波动率和 12 个分类 EPU 指数。为了计算月度 EUA 期货市场波动率，本章从 Wind 数据库中获取 EUA 期货市场的每日价格数据。EUA 期货市场的月度 RV 序列从 2005 年 4 月开始到 2021 年 6 月结束，EUA 期货市场的对数 RV 的时间序列轨迹如图 6-1 所示。

在金融市场波动率预测的研究中，数据的可获得性是一个关键因素。鉴于此，本章在分析中纳入了总体经济政策不确定性指数（EPU）以及其下的 11 个分类指数，这些分类指数涵盖了货币政策不确定性（Monetary Policy Uncertainty，MPU）、财政政策不确定性（Fiscal Policy Uncertainty，FPU）、税收不确定性

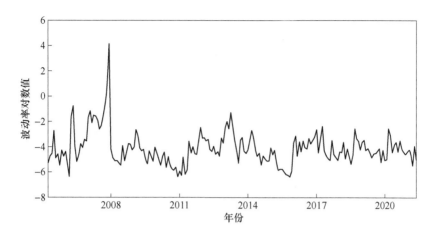

图 6-1 EUA 的对数波动率

（Taxes Uncertainty，TU）、政府支出不确定性（Government Spending Uncertainty，GSU）、卫生保健不确定性（Health Care Uncertainty，HCU）、国家安全不确定性（National Security Uncertainty，NSU）、福利项目不确定性（Entitlement Programs Uncertainty，ENPU）、监管不确定性（Regulation Uncertainty，RU）、金融监管不确定性（Financial Regulation Uncertainty，FRU）、贸易政策不确定性（Trade Policy Uncertainty，TPU）以及主权债务与货币危机不确定性（Sovereign Debt and Currency Crises Uncertainty，SDCCU）。

这些分类 EPU 指数的数据起始于 2005 年 4 月、终止于 2021 年 6 月，其时间跨度受限于 EUA 市场数据的可用长度。为了确保分析的准确性，所有 EPU 数据均来源于"Economic Policy Uncertainty"网站。在进行波动率预测之前，考虑到这些指数可能存在的非平稳性，本章对这些分类 EPU 指数进行了对数化处理，以促进数据的平稳性。

表 6-1 详细展示了 EUA 期货市场的对数化风险价值（Risk Value，RV）以及 12 个分类 EPU 指数的描述性统计结果。从表中可以观察到，大多数分类 EPU 指数呈现出左偏的分布特征，而监管不确定性（RU）和主权债务与货币危机不确定性（SDCCU）则表现出右偏的分布。通过 Jarque-Bera 正态性检验，发现除了 RU 和 SDCCU 之外，其他变量的分布均不能拒绝正态性的原假设。此外，ADF（Augmented Dickey-Fuller）单位根检验的结果表明，对数化处理后的 RV 和所有 12 个分类 EPU 指数均显示出平稳性，这意味着这些序列适合用于时间序列分析。

表6-1 描述性统计

指数	Mean	Std.	Skew.	Kurt.	J-B	ADF	Q(3)	Q(6)	Q(9)	Q(12)
RV	-4.116	1.321	1.827	10.725	593.397①	-6.537①	140.321①	177.665①	189.069①	196.867①
EPU	4.553	0.482	0.680	3.519	17.224①	-4.096①	321.876①	491.438①	593.547①	664.338①
MPU	4.199	0.579	0.129	2.420	3.275	-6.655①	135.314①	160.465①	173.043①	180.337①
FPU	4.580	0.624	0.198	2.373	4.466③	-3.789①	352.176①	546.636①	689.412①	814.899①
TU	4.621	0.617	0.206	2.421	4.105③	-3.808①	349.770①	535.730①	665.202①	781.996①
GSU	4.188	0.865	0.252	2.872	2.203	-4.415①	315.971①	504.523①	669.883①	806.124①
HCU	4.928	0.719	0.127	2.570	2.025	-4.268①	326.991①	515.029①	640.624①	754.235①
NSU	4.214	0.519	0.436	2.671	7.066②	-6.304①	173.654①	243.642②	280.785①	307.657①
ENPU	4.672	0.813	0.397	3.022	5.113③	-4.543①	284.051①	439.965①	527.724①	593.902①
RU	4.712	0.511	-0.144	2.660	1.615	-4.921①	292.370①	465.335①	580.913①	664.257①
FRU	4.494	0.838	0.186	2.652	2.115	-5.916①	212.897①	345.047①	452.327①	529.506①
TPU	4.182	1.125	0.833	3.012	22.546①	-4.603①	348.163①	601.972①	800.859①	966.309①
SDCCU	3.714	1.377	-0.156	3.292	1.484	-7.567①	137.396①	253.156①	343.284①	417.089①

①②③分别表示在1%、5%、10%显著水平下拒绝原假设。本章使用的月度数据涵盖了2005年4月至2021年6月期间的数据。

进一步地，Ljung-Box Q 统计结果显示，EUA 市场的对数化 RV 以及 12 个分类 EPU 指数均表现出显著的自相关性。这一发现对于构建有效的波动率预测模型至关重要，因为它指出了在模型中需要考虑的时间依赖结构。

6.4 实证结果

本节以 MIDAS-RV 为基准模型，对 MIDAS-X 模型、组合预测方法、扩散指数模型、LASSO-MIDAS 模型和 MRS-LASSO-MIDAS 模型的预测性能进行了评估。预测性能评估方法包括样本外 R_{oos}^2 检验、MCS 检验和 DoC 检验。本节使用滚动窗口方法来预测 EUA 市场未来一个月的波动率，滚动窗口长度为全样本长度的 1/3。

6.4.1 样本外 R_{oos}^2 检验结果

在本节的研究中，采用了两种主要的统计方法来评估不同模型对 EUA（欧洲联盟农业）期货市场波动率预测的样本外性能：样本外拟合优度 R_{oos}^2 检验方法和调整后的均方预测误差（MSPE）统计量。通过这些方法，旨在深入理解哪些模型在预测 EUA 期货市场波动率方面更为有效。

研究结果显示，在所有考虑的 MIDAS-X（混合数据抽样）模型中，仅有几类模型，包括基于经济政策不确定性（EPU）、货币政策不确定性（MPU）、财政政策不确定性（FPU）、贸易不确定性（TU）、政府支出不确定性（GSU）、国内供应不确定性（NSU）和能源政策不确定性（ENPU）构建的模型，产生了显著大于 0 的 R_{oos}^2 值，这一发现证实了分类 EPU 指数对于预测 EUA 期货市场波动率具有重要的可预测性。

进一步地，在采用组合预测方法、扩散指数模型、最小绝对收缩和选择算子（LASSO）-MIDAS 模型以及多回归 LASSO-MIDAS（MRS-LASSO-MIDAS）模型的分析中，发现只有 MIDAS-PLS（偏最小二乘）模型和 MIDAS-SPCA（主成分分析）模型的 R_{oos}^2 值显著大于 0，这进一步强化了分类 EPU 指数在预测 EUA 期货市场波动率方面的可预测性。

特别值得注意的是，MRS-LASSO-MIDAS 模型和 LASSO-MIDAS 模型的 R_{oos}^2 值分别达到了 41.396% 和 39.870%（见表6-2），在所有波动率预测方法中分别排名第一和第二。这一结果表明，与组合预测方法和扩散指数模型相比，MRS-LASSO-MIDAS 模型和 LASSO-MIDAS 模型，尤其是 MRS-LASSO-MIDAS 模型能够更有效地从多个分类 EPU 指数中提取有价值的信息，从而显著提高对 EUA 期货市场波动率的样本外预测精度。

表6-2 样本外 R_{oos}^2 检验结果

模　型	$R_{oos}^2/\%$	Adj-MSPE	p 值
MIDAS-EPU	1.346[3]	1.640	0.051
MIDAS-MPU	2.993[2]	1.819	0.034
MIDAS-FPU	3.852[3]	1.586	0.056
MIDAS-TU	3.557[3]	1.611	0.054
MIDAS-GSU	3.378[3]	1.293	0.098
MIDAS-HCU	-4.606	-0.427	0.665
MIDAS-NSU	3.044[3]	1.357	0.087
MIDAS-ENPU	0.013[3]	1.389	0.082
MIDAS-RU	-7.431	-0.356	0.639
MIDAS-FRU	-9.043	-0.499	0.691
MIDAS-TPU	-5.336	-1.152	0.875
MIDAS-SDCCU	-0.259	0.809	0.209
MCF	7.011[2]	1.875	0.030
MECF	1.809[3]	1.520	0.064
TMCF	5.187[2]	1.811	0.035
DMSPEC (0.9)	8.581[2]	1.924	0.027
DMSPEC (1)	7.268[2]	1.920	0.027
MIDAS-PCA	2.646[2]	1.987	0.023
MIDAS-PLS	-2.782	0.908	0.182
MIDAS-SPCA	-3.239	0.582	0.280
LASSO-MIDAS	39.870[2]	1.914	0.028
MRS-LASSO-MIDAS	41.396[2]	1.938	0.026

①②③分别表示在1%、5%和10%显著性水平下拒绝原假设，即目标模型的 MSPE 大于或等于基准模型的 MSPE。

　　为了更直观地展示这些模型的预测性能，通过图6-2 和图6-3 分别展示了 LASSO-MIDAS 模型和 MRS-LASSO-MIDAS 模型在预测过程中的动态系数估计结果。图6-2 揭示了不同分类 EPU 指数对 EUA 期货市场波动影响的强度和方向是随时间动态变化的。LASSO-MIDAS 模型的一个显著优势在于，它能够在预测过程中动态地筛选出对 EUA 期货市场波动影响最大的分类 EPU 指数，这也是该模型相比其他预测模型具有更高样本外预测性能的关键原因。

　　图6-3 进一步展示了 MRS-LASSO-MIDAS 模型在不同波动状态下的表现。该模型能够根据不同的市场波动情况，选取对 EUA 期货波动率最具影响力的分类

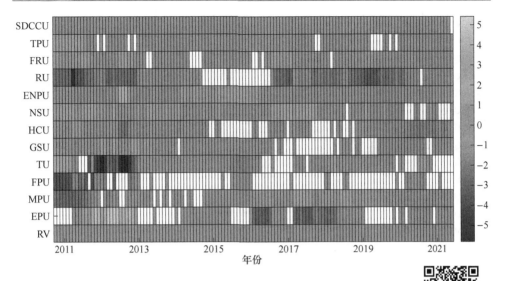

图 6-2　LASSO-MIDAS 模型的动态系数估计结果

彩图

EPU 指数。因此，MRS-LASSO-MIDAS 模型在预测 EUA 期货市场波
动率方面的效果优于 LASSO-MIDAS 模型。

　　研究不仅验证了分类 EPU 指数在预测 EUA 期货市场波动率方面的有效性，
而且指出了 MRS-LASSO-MIDAS 模型和 LASSO-MIDAS 模型在处理多源不确定性
信息和提高预测精度方面的优越性。这些发现对于投资者和决策者在制定风险管
理策略和市场预测时具有重要的参考价值。

6.4.2　MCS 检验结果

　　6.4.1 节主要使用样本外 R^2_{oos} 检验对预测方法的预测性能进行了评估。本节
进一步使用 Hansen 等（2011）引入的 MCS 检验来评估模型的样本外预测性能。
为了更全面地评估模型的样本外预测性能，本节使用 MSE、MAE、HMSE 和
HMAE 四个损失函数进行了上述 MCS 检验过程。四种损失函数计算如下：

$$MSE = \frac{1}{T-I} \sum_{t=I+1}^{T} (RV_t - \widehat{RV}_t)^2 \tag{6-16}$$

$$MAE = \frac{1}{T-I} \sum_{t=I+1}^{T} |RV_t - \widehat{RV}_t| \tag{6-17}$$

$$HMSE = \frac{1}{T-I} \sum_{t=I+1}^{T} (1 - \widehat{RV}_t/RV_t)^2 \tag{6-18}$$

$$HMAE = \frac{1}{T-I} \sum_{t=I+1}^{T} |1 - \widehat{RV}_t/RV_t| \tag{6-19}$$

式中，T 为全样本大小；I 为初始样本内长度。

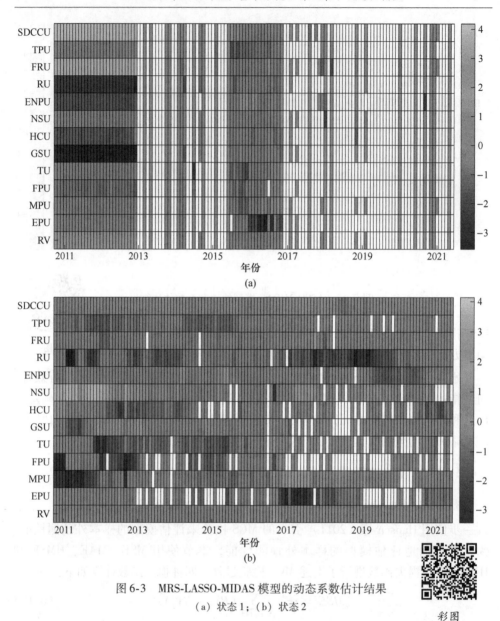

图 6-3　MRS-LASSO-MIDAS 模型的动态系数估计结果

（a）状态 1；（b）状态 2

彩图

　　MCS 检验结果（即 p 值）见表 6-3。从表 6-3 可以看出，在所有预测方法中，只有 LASSO-MIDAS 和 MRS-LASSO-MIDAS 模型可以在所有损失函数下以大于 0.1 的 p 值通过 MCS 检验，说明它们的样本外预测性能明显高于单个模型（MIDAS-X 模型）、组合预测方法和扩散指数模型。同时，MRS-LASSO-MIDAS 模型在所有损失函数下的 p 值均为 1.000，具有最佳的样本外预测性能。

　　综上所述，MCS 检验的评估结果与样本外 R_{oos}^2 检验的评估结果基本一致。即与竞争模型相比，MRS-LASSO-MIDAS 模型和 LASSO-MIDAS 模型，尤其是 MRS-LASSO-MIDAS 模型更有助于从分类 EPU 指数中获取有效信息，提高对 EUA 期货市场波动率的预测精度。

表 6-3　MCS 检验结果

模　型	MSE	MAE	HMSE	HMAE
MIDAS-RV	0.133	0.003	0.041	0.016
MIDAS-EPU	0.055	0.003	0.086	0.103
MIDAS-MPU	0.144	0.017	0.120	0.155
MIDAS-FPU	0.051	0.003	0.081	0.133
MIDAS-TU	0.053	0.011	0.080	0.132
MIDAS-GSU	0.052	0.003	0.157	0.210
MIDAS-HCU	0.064	0.003	0.245	0.276
MIDAS-NSU	0.074	0.017	0.016	0.042
MIDAS-ENPU	0.050	0.002	0.066	0.070
MIDAS-RU	0.057	0.003	0.010	0.003
MIDAS-FRU	0.093	0.017	0.081	0.093
MIDAS-TPU	0.051	0.002	0.050	0.005
MIDAS-SDCCU	0.074	0.003	0.184	0.210
MCF	0.074	0.026	0.120	0.210
MECF	0.074	0.004	0.088	0.116
TMCF	0.074	0.017	0.099	0.133
DMSPEC（0.9）	0.087	0.050	0.136	0.210
DMSPEC（1）	0.117	0.048	0.122	0.200
MIDAS-PCA	0.052	0.003	0.083	0.129
MIDAS-PLS	0.057	0.003	0.026	0.025
MIDAS-SPCA	0.061	0.003	0.016	0.008
LASSO-MIDAS	0.374	0.073	0.788	0.497
MRS-LASSO-MIDAS	**1.000**	**1.000**	**1.000**	**1.000**

注：该表列出了 MCS 检验的结果（p 值），p 值加粗体表示最大的 p 值。

6.4.3　DoC 检验结果

在本节的深入研究中，特别关注了不同预测方法在预测 EUA（欧洲联盟农业）期货市场波动率变化方向方面的有效性。为了系统地评估这些方法的性能，采用了方向预测正确率 DoC 检验，这是一种衡量预测模型在预测市场波动率变化方向上准确性的统计工具。

在进行 DoC 检验的过程中，不仅计算了 DoC 比率，还参考了 Pesaran 和 Timmermann（1992）提出的非参数检验的 p 值，检验结果被详细地展示在表 6-4 中。通过分析表 6-4 的数据，可以得出一些重要的结论。首先，除了 MIDAS-RU（随机游走模型）和 MIDAS-FRU（分数阶随机游走模型）之外，其他所有考虑的预测方法的 DoC 比率都显著地超过了 0.5 的阈值。这一发现表明，除了这两个模型之外，本章探讨的预测方法都能够成功地预测 EUA 期货市场波动率的变化方向。

表 6-4 DoC 检验结果

模　型	DoC 比率	Statistics 值	p 值
MIDAS-RV	0.609[1]	2.567	0.005
MIDAS-EPU	0.625[1]	2.791	0.003
MIDAS-MPU	0.617[1]	2.605	0.005
MIDAS-FPU	0.602[2]	2.222	0.013
MIDAS-TU	0.602[2]	2.222	0.013
MIDAS-GSU	0.570[3]	1.475	0.070
MIDAS-HCU	0.586[2]	1.827	0.034
MIDAS-NSU	0.625[1]	2.869	0.002
MIDAS-ENPU	0.602[2]	2.234	0.013
MIDAS-RU	0.555	1.234	0.109
MIDAS-FRU	0.547	0.986	0.162
MIDAS-TPU	0.602[1]	2.508	0.006
MIDAS-SDCCU	0.617[1]	2.593	0.005
MCF	0.625[1]	2.761	0.003
MECF	0.594[2]	2.061	0.020
TMCF	0.609[1]	2.408	0.008
DMSPEC（0.9）	0.625[1]	2.761	0.003
DMSPEC（1）	0.625[1]	2.761	0.003
MIDAS-PCA	0.594[2]	2.061	0.020
MIDAS-PLS	0.578[2]	1.778	0.038
MIDAS-SPCA	0.594[2]	2.093	0.018
LASSO-MIDAS	0.656[1]	3.505	0.000
MRS-LASSO-MIDAS	**0.711[1]**	**4.756**	**0.000**

注：方向变化检验结果，最大的 DoC 比率对应的检验结果被加粗。

[1][2][3]分别为 1%、5%、10% 显著性水平下拒绝原假设。

在个体模型的比较中，即 MIDAS-X（混合数据抽样）模型的分析中发现，只有基于经济政策不确定性（EPU）、货币政策不确定性（MPU）、国内供应不确定性（NSU）和超级动态条件相关性不确定性（SDCCU）构建的 MIDAS-X 模型的 DoC 比率超过了其他模型。这进一步证实了这些特定的分类 EPU 指数在预测 EUA 期货市场波动率变化方向上具有显著的可预测性。

特别地，当比较所有预测方法的方向预测精度时，MRS-LASSO-MIDAS（多回归最小绝对收缩和选择算子-MIDAS）模型和 LASSO-MIDAS（最小绝对收缩和选择算子-MIDAS）模型的 DoC 比率分别达到了 0.711 和 0.656，这两个比率在所有模型中是最高的。这意味着 MRS-LASSO-MIDAS 模型和 LASSO-MIDAS 模型在预测 EUA 期货市场波动率变化方向上具有最高的精度。

综合 DoC 检验的结果，可以得出结论，分类 EPU 指数确实对 EUA 期货市场波动率的变化方向具有差异化的可预测性。此外，与其他竞争模型相比，MRS-LASSO-MIDAS 模型和 LASSO-MIDAS 模型，尤其是 MRS-LASSO-MIDAS 模型，在从多个分类 EPU 指数中提取有效预测信息、提高对 EUA 期货市场波动率变化方向的样本外预测精度方面，展现出了显著的优势。

这些发现对于投资者和市场分析师来说具有重要的实际意义，这是因为它们提供了一种更精确的方法预测市场波动率的变化，从而可以更好地进行风险管理和投资决策。通过利用这些先进的预测模型，市场参与者可以更有信心地应对市场的不确定性，优化他们的交易策略。

6.5 稳健性检验

在本章的分析过程中，特别关注了分类经济政策不确定性（EPU）指数对预测欧洲联盟（EU）农业期货（EUA）市场波动率的影响。将这些分类 EPU 指数纳入预测模型对于理解 EUA 期货市场的波动性至关重要。此外，研究结果表明，与传统的组合预测方法和扩散指数模型相比，采用最小绝对收缩和选择算子（LASSO）-MIDAS 模型和多回归最小绝对收缩和选择算子（MRS-LASSO）-MIDAS 模型能够显著提高对 EUA 期货市场波动率的预测精度。

为了确保实证结果具有稳健性，避免由于模型设定或数据选择的偶然性导致的误差，我们在本节中采取了一系列的稳健性检验措施。这些检验包括：

（1）更换滚动窗口长度。通过改变用于预测的滚动窗口长度，检验模型对不同时间段内数据的适应性和预测的稳定性。

（2）调整模型设定。对模型的设定进行了调整，以验证模型的预测能力是否对特定的参数选择敏感。

（3）更换基准模型。引入了不同的基准模型进行比较，以确保选择的模型在预测性能上具有优势。

（4）变更预测方法。尝试不同的预测方法，以检验 LASSO-MIDAS 和 MRS-LASSO-MIDAS 模型的预测优势是否具有普遍性。

（5）控制能源市场的影响。考虑到能源市场可能对农业期货市场波动率有重要影响，在模型中加入了控制变量，以检验模型对外部市场因素的鲁棒性。

通过这些稳健性检验，旨在验证发现是否在不同的条件和假设下依然成立，确保研究结果不是由于模型设定的偶然性或数据选择的特定性而产生的，而是具有普遍性和可推广性。

6.5.1 更换滚动窗口长度

在第 6.4 节中，主要采用了滚动窗口方法预测 EUA 市场的波动情况。滚动窗口方法是一种常用的时间序列预测技术，它通过在数据序列上滑动一个窗口，并在该窗口内进行模型的训练和预测，从而实现对序列未来值的预测。然而，这种方法的一个潜在缺点是，不同的滚动窗口长度可能会导致不同的预测结果，这可能会影响模型预测的稳定性和可靠性。

在进行这一检验时，对不同窗口长度下的预测性能进行了评估，并将结果汇总在表 6-5 中。通过对比分析，可以清晰地观察到，在改变滚动窗口长度的情况下，大部分模型的预测性能受到了影响，但 LASSO-MIDAS 模型和 MRS-LASSO-MIDAS 模型展现出了显著的稳健性。具体来说，只有这两个模型的样本外拟合优度 R_{oos}^2 显著大于 0，表明它们能够提供有效的预测。

特别地，MRS-LASSO-MIDAS 模型在所有模型中表现最佳，其 R_{oos}^2 值达到了 23.586%，这一结果进一步证实了该模型在样本外预测 EUA 期货市场波动率方面的优越性能。

表 6-5　更换滚动窗口长度下的样本外预测性能评估结果

模　型	R_{oos}^2/%	Adj-MSPE	p 值
MIDAS-EPU	−22.242	−0.781	0.783
MIDAS-MPU	−9.378	−0.478	0.684
MIDAS-FPU	−11.028	−0.542	0.706
MIDAS-TU	−10.374	−0.545	0.707
MIDAS-GSU	−5.646	−0.498	0.691
MIDAS-HCU	−11.665	−0.756	0.775
MIDAS-NSU	−10.614	−0.548	0.708
MIDAS-ENPU	−20.394	−0.272	0.607
MIDAS-RU	−18.153	−1.267	0.897
MIDAS-FRU	−6.052	−0.059	0.523

模 型	$R_{oos}^2/\%$	Adj-MSPE	p 值
MIDAS-TPU	-8.657	-1.010	0.844
MIDAS-SDCCU	1.165	1.034	0.150
MCF	-6.558	-0.773	0.780
MECF	-7.499	-0.736	0.769
TMCF	-6.687	-0.789	0.785
DMSPEC (0.9)	-6.629	-0.809	0.791
DMSPEC (1)	-6.485	-0.777	0.782
MIDAS-PCA	-19.003	-0.935	0.825
MIDAS-PLS	-18.897	-0.937	0.826
MIDAS-SPCA	-17.847	-0.840	0.800
LASSO-MIDAS	11.610[①]	2.444	0.007
MRS-LASSO-MIDAS	23.586[①]	2.884	0.002

①表示在 1% 显著性水平下拒绝原假设，即目标模型的 MSPE 大于或等于基准模型的 MSPE。

综合以上分析，可以得出结论：在本章所研究的众多预测方法中，LASSO-MIDAS 模型和 MRS-LASSO-MIDAS 模型，尤其是后者，即使在面对滚动窗口长度变化的挑战时，仍然能够保持相对稳健且优越的样本外预测能力。这一发现对于实际应用中的模型选择和预测策略的制定具有重要的指导意义，它表明这些模型能够适应不同的市场条件和数据窗口长度。

6.5.2 更换滞后阶数

在本章的分析中，采用了基准模型预测 EUA 市场的波动率，其中模型的滞后阶数 K 被设定为 6。为了进一步验证所考虑的预测方法在预测 EUA 期货市场波动率方面的稳健性，在本节中对 MIDAS 框架下的滞后阶数进行了调整。这是为了探究不同滞后阶数对模型预测能力的影响，以及评估模型对于不同时间尺度的适应性。

具体来说，本节考虑了三种不同的滞后阶数作为备选，即 $K=3$、$K=9$ 和 $K=12$。这样的设置允许评估模型在不同时间跨度上的表现，从而更好地理解模型对于时间序列数据的敏感度。为了系统地展示更换滞后阶数对预测性能的影响，将结果汇总在表 6-6 中。

根据表 6-6 的数据，可以观察到一些关键的发现。首先，基于单一 EPU 指数构建的 MIDAS-X 模型只有在滞后阶数为 $K=9$ 和 $K=12$ 时，才能产生显著大于 0

的样本外拟合优度 R_{oos}^2。这一结果表明，单个分类 EPU 指数对 EUA 期货市场波动率的影响可能存在一定的滞后效应，需要更长的时间跨度才能充分反映其对市场波动的影响。

表 6-6　更换滞后阶数后的样本外预测性能评估结果

模　型	K = 3		K = 9		K = 12	
	R_{oos}^2/%	Adj-MSPE	R_{oos}^2/%	Adj-MSPE	R_{oos}^2/%	Adj-MSPE
MIDAS-EPU	− 0.240	0.769	0.533[3]	1.296	0.395	1.164
MIDAS-MPU	− 4.225	− 0.529	5.039[2]	2.246	4.221[2]	2.176
MIDAS-FPU	− 0.098	0.652	0.210	1.225	− 1.481	0.410
MIDAS-TU	− 1.095	0.505	− 1.763	0.562	− 5.761	− 0.155
MIDAS-GSU	3.004	0.799	1.651[3]	1.418	4.071	1.257
MIDAS-HCU	− 2.953	− 0.087	− 3.917	− 0.404	− 6.744	− 1.076
MIDAS-NSU	1.752	1.216	5.512[2]	1.806	4.635[3]	1.628
MIDAS-ENPU	− 1.774	0.556	− 1.617	1.329	− 2.250	0.735
MIDAS-RU	− 8.431	− 1.040	− 7.528	− 0.275	− 11.560	− 0.673
MIDAS-FRU	− 6.098	− 0.987	− 4.555	− 0.104	− 4.262	− 0.439
MIDAS-TPU	− 0.276	0.465	− 6.985	− 0.656	− 15.347	− 0.713
MIDAS-SDCCU	0.302	0.881	− 1.143	0.696	− 0.826	0.385
MCF	− 0.438	0.432	4.221[2]	1.716	− 0.089	0.586
MECF	0.307	0.845	0.898[3]	1.552	− 0.600	0.482
TMCF	− 0.448	0.443	1.571[3]	1.562	0.069	0.647
DMSPEC (0.9)	− 0.538	0.449	5.342[2]	1.776	− 0.045	0.594
DMSPEC (1)	− 0.601	0.407	4.082[2]	1.723	− 0.164	0.568
MIDAS-PCA	− 0.694	0.770	0.217[3]	1.355	0.006	0.845
MIDAS-PLS	− 5.629	− 0.027	− 2.092	0.868	− 0.049	1.140
MIDAS-SPCA	− 6.123	− 0.346	− 4.059	0.037	− 0.279	1.317
LASSO-MIDAS	54.595[3]	1.465	49.657[2]	1.754	33.212[2]	2.172
MRS-LASSO-MIDAS	60.259[2]	1.738	60.330[2]	1.696	35.426[1]	2.699

①②③分别表示在 1%、5% 和 10% 显著性水平下拒绝原假设，即目标模型的 MSPE 大于或等于基准模型的 MSPE。

　　此外，无论滞后阶数如何变化，MRS-LASSO-MIDAS 模型和 LASSO-MIDAS 模型在所有情况下产生的 R_{oos}^2 值均分别排名第一和第二。这一一致性表明，这两种模型在不同滞后阶数的设置下，均能保持稳健的预测性能，并且具有卓越的样本外预测能力。

综上所述，本节的研究结果进一步强化了之前的观点：在预测 EUA 期货市场波动率方面，MRS-LASSO-MIDAS 模型和 LASSO-MIDAS 模型不仅稳健，而且性能卓越，能够适应不同的滞后阶数设置。

6.5.3 更换基准模型的选择

考虑到金融市场波动非对称性的存在，本节通过将基准模型改变为包含非对称性的 MIDAS-ASRV 模型，进一步验证了上述实证结果的稳健性。

MIDAS-ASRV 模型：

$$LV_{t+h} = \beta_0 + \beta_{LV^+} \sum_{i=1}^{K} B(i, \theta_1^{LV^+}, \theta_2^{LV^+}) LV_{t-i+1}^+ + \beta_{LV^-} \sum_{i=1}^{K} B(i, \theta_1^{LV^-}, \theta_2^{LV^-}) LV_{t-i+1}^- + \varepsilon_{t+h}$$

$$(6-20)$$

MIDAS-ASRV-X 模型：

$$LV_{t+h} = \beta_0 + \beta_{LV^+} \sum_{i=1}^{K} B(i, \theta_1^{LV^+}, \theta_2^{LV^+}) LV_{t-i+1}^+ + \beta_{LV^-} \sum_{i=1}^{K} B(i, \theta_1^{LV^-}, \theta_2^{LV^-}) LV_{t-i+1}^- +$$

$$\beta_{X,n} \sum_{i=1}^{K} B(i, \theta_1^X, \theta_2^X) \ln(X_{n,t-i+1}) + \varepsilon_{t+h} \qquad (6-21)$$

式中，$LV_t^- = \ln\left[\sum_{d=1}^{D} r_{t,d}^2 \cdot I(r_{t,d} < 0)\right]$，$LV_t^+ = \ln\left[\sum_{d=1}^{D} r_{t,d}^2 \cdot I(r_{t,d} > 0)\right]$。当 $r_{t,d} < 0$ 时，$I(r_{t,d} < 0)$ 等于 1，否则 $I(r_{t,d} < 0)$ 等于 0。

其他扩展模型（扩散指数模型和机器学习方法）在本节中也采用类似的方法进行重构，更换基准模型下的预测性能评估结果见表 6-7。由表 6-7 可知，在所有的个体预测模型（即 MIDAS-ASRV-X 模型）中，只有 MPU 和 ENPU 构建的 MIDAS-ASRV-X 模型的预测效果显著。显然，在改变基准模型后单个分类 EPU 指数对 EUA 期货市场波动率的可预测性并不强。然而，更换基准模型后 MRS-LASSO-MIDAS 模型产生的样本外 R_{oos}^2 仍然是最大且显著的，其次是 LASSO-MIDAS 模型，这进一步说明了这两种模型的稳健性和卓越的样本外预测性能。

表 6-7 更换基准模型后的样本外预测性能评估结果

模 型	$R_{oos}^2/\%$	Adj-MSPE	p 值
MIDAS-ASRV-EPU	2.129	1.138	0.128
MIDAS-ASRV-MPU	5.431[②]	1.851	0.032
MIDAS-ASRV-FPU	5.051	1.206	0.114
MIDAS-ASRV-TU	3.925	1.113	0.133
MIDAS-ASRV-GSU	6.537	1.250	0.106
MIDAS-ASRV-HCU	−0.774	0.635	0.263
MIDAS-ASRV-NSU	4.595	1.198	0.115

模型	$R_{oos}^2/\%$	Adj-MSPE	p 值
MIDAS-ASRV-ENPU	4.066②	1.563	0.059
MIDAS-ASRV-RU	−4.373	0.270	0.393
MIDAS-ASRV-FRU	−3.460	0.233	0.408
MIDAS-ASRV-TPU	1.951	0.815	0.207
MIDAS-ASRV-SDCCU	3.594	1.264	0.103
MCF	7.448②	1.434	0.076
MECF	4.517	1.214	0.112
TMCF	5.323②	1.336	0.091
DMSPEC（0.9）	10.413②	1.559	0.060
DMSPEC（1）	9.789②	1.560	0.059
MIDAS-ASRV-PCA	3.240	1.258	0.104
MIDAS-ASRV-PLS	−0.055	1.151	0.125
MIDAS-ASRV-SPCA	−1.045	0.968	0.167
LASSO-MIDAS	48.816①	1.950	0.026
MRS-LASSO-MIDAS	50.531①	1.883	0.030

①②分别表示在 5% 和 10% 显著性水平下拒绝原假设，即目标模型的 MSPE 大于或等于基准模型的 MSPE。

6.5.4　控制能源市场的冲击

考虑到碳排放会受到能源市场的显著影响，为了检验第 6.4 节的实证结果是否稳健，在本节中控制了能源市场的影响。以原油市场为例，本节将基准模型更改为具有原油市场波动的 MIDAS-RV 模型（MIDAS-RVO），并通过在该模型中加入分类 EPU，进一步验证了上述实证结果的稳健性。

MIDAS-RVO 模型：

$$LV_{t+h} = \beta_0 + \beta_{LV} \sum_{i=1}^{K} B(i,\theta_1^{LV},\theta_2^{LV})\, LV_{t-i+1} + \sum_{i=1}^{K} B(i,\theta_1^{LV\,\mathrm{Oil}},\theta_2^{LV\,\mathrm{Oil}})\, LV_{t-i+1}^{\mathrm{Oil}} + \varepsilon_{t+h}$$

$$(6\text{-}22)$$

MIDAS-MIDAS-RVO-X 模型：

$$LV_{t+h} = \beta_0 + \beta_{RV} \sum_{i=1}^{K} B(i,\theta_1^{LV},\theta_2^{LV})\, LV_{t-i+1} + \sum_{i=1}^{K} B(i,\theta_1^{LV\,\mathrm{Oil}},\theta_2^{LV\,\mathrm{Oil}})\, LV_{t-i+1}^{\mathrm{Oil}} +$$

$$\beta_{X,n} \sum_{i=1}^{K} B(i,\theta_1^{X},\theta_2^{X})\ln(X_{n,t-i+1}) + \varepsilon_{t+h} \qquad (6\text{-}23)$$

式中，LV^{Oil} 为原油市场的对数化月度 RV。

其他扩展模型（扩散指数模型和机器学习方法）在本节中也采用类似的方法进行重构。控制能源市场影响时的预测性能评估结果见表6-8。由表6-8可知，在控制能源市场的影响时，只有 LASSO-MIDAS 和 MRS-LASSO-MIDAS 模型的 R_{oos}^2 显著大于0，其中 MRS-LASSO-MIDAS 模型的 R_{oos}^2 最大，为43.386%。

表6-8 控制能源市场影响时的样本外预测性能评估结果

模　型	$R_{oos}^2/\%$	Adj-MSPE	p 值
MIDAS-RVO-EPU	− 8.723	− 0.714	0.762
MIDAS-RVO-MPU	− 4.953	− 0.348	0.636
MIDAS-RVO-FPU	− 7.990	0.222	0.412
MIDAS-RVO-TU	− 10.355	− 0.694	0.756
MIDAS-RVO-GSU	− 3.094	0.456	0.324
MIDAS-RVO-HCU	− 15.838	− 1.564	0.941
MIDAS-RVO-NSU	− 3.098	0.564	0.286
MIDAS-RVO-ENPU	− 9.389	0.436	0.332
MIDAS-RVO-RU	− 18.777	− 1.644	0.950
MIDAS-RVO-FRU	− 15.172	− 1.177	0.880
MIDAS-RVO-TPU	− 11.059	− 2.056	0.980
MIDAS-RVO-SDCCU	− 15.241	− 1.692	0.955
MCF	− 7.813	− 1.024	0.847
MECF	− 6.229	− 0.662	0.746
TMCF	− 7.407	− 0.933	0.825
DMSPEC（0.9）	− 7.745	− 1.038	0.850
DMSPEC（1）	− 7.893	− 1.054	0.854
MIDAS-RVO-PCA	− 8.809	− 0.459	0.677
MIDAS-RVO-PLS	− 11.364	− 0.350	0.637
MIDAS-RVO-SPCA	− 15.817	− 0.922	0.822
LASSO-MIDAS	42.931[①]	1.791	0.037
MRS-LASSO-MIDAS	43.386[①]	1.823	0.034

①表示在5%显著性水平下拒绝原假设，即目标模型的 MSPE 大于或等于基准模型的 MSPE。

综上所述，在本章研究的预测方法中，只有两种机器学习方法（即 LASSO-MIDAS 和 MRS-LASSO-MIDAS），特别是具有马尔可夫状态转换结构的机器学习方法模型（MRS-LASSO-MIDAS），即使在控制了能源市场影响的情况下，对 EUA 期货市场波动率仍具有较强的预测稳健性和较好的样本外预测能力。

6.5.5　更换预测评估方法

以上分析主要采用滚动窗口方法对 EUA 市场波动率进行预测。为了进一步验证上述实证结果的稳健性，本节采用迭代窗口方法对 EUA 期货市场波动率进行了预测。更换预测算法下的样本外预测性能评估结果见表6-9。由表6-9 可知，采用迭代窗口方法进行预测时，只有 LASSO-MIDAS 和 MRS-LASSO-MIDAS 模型的 R^2_{oos} 值为正，其中，MRS-LASSO-MIDAS 模型的 R^2_{oos} 最大且显著为12.628%。

表6-9　迭代窗口方法下的样本外预测性能评估结果

模　型	$R^2_{oos}/\%$	Adj-MSPE	p 值
MIDAS-EPU	− 15. 288	− 1. 796	0. 964
MIDAS-MPU	− 12. 140	− 1. 960	0. 975
MIDAS-FPU	− 15. 209	− 1. 452	0. 927
MIDAS-TU	− 13. 542	− 1. 450	0. 927
MIDAS-GSU	− 16. 955	− 1. 483	0. 931
MIDAS-HCU	− 13. 508	− 1. 326	0. 908
MIDAS-NSU	− 10. 147	− 2. 193	0. 986
MIDAS-ENPU	− 19. 507	− 1. 431	0. 924
MIDAS-RU	− 6. 030	− 1. 571	0. 942
MIDAS-FRU	− 7. 796	− 1. 361	0. 913
MIDAS-TPU	− 2. 440	− 0. 210	0. 583
MIDAS-SDCCU	− 9. 823	− 1. 329	0. 908
MCF	− 9. 084	− 1. 343	0. 910
MECF	− 12. 144	− 1. 488	0. 932
TMCF	− 10. 644	− 1. 458	0. 928
DMSPEC (0. 9)	− 7. 764	− 1. 292	0. 902
DMSPEC (1)	− 8. 384	− 1. 330	0. 908
MIDAS-PCA	− 13. 394	− 1. 639	0. 949
MIDAS-PLS	− 13. 373	− 1. 596	0. 945
MIDAS-SPCA	− 14. 260	− 1. 537	0. 938
LASSO-MIDAS	4. 245	1. 099	0. 136
MRS-LASSO-MIDAS	12. 628①	1. 892	0. 029

①表示在5%显著性水平下拒绝原假设，即目标模型的 MSPE 大于或等于基准模型的 MSPE。

综上所述，在本章所考虑的预测方法中，只有 LASSO-MIDAS 模型和 MRS-

LASSO-MIDAS 模型，特别是 MRS-LASSO-MIDAS 模型在更换预测算法时，对 EUA 期货市场波动率仍然具有相对稳健和优越的样本外预测能力。

6.6 补充分析

6.6.1 中长期预测性能

本节研究的是对 EUA 期货市场波动率的中长期预测性能。本节对 EUA 市场未来 3 个月、6 个月和 9 个月的波动率进行了预测，多步预测的样本外预测性能评估结果见表 6-10。由表 6-10 可知，随着预测期的增加，R_{oos}^2 显著大于 0 的 MIDAS-X 模型、组合预测方法和扩散指数模型的数量逐渐减少。同时，LASSO-MIDAS 和 MRS-LASSO-MIDAS 模型的 R_{oos}^2 值随着预测周期的增大而减小。这意味着，虽然分类 EPU 指数对 EUA 期货市场波动率的影响是相对滞后的，但其预测作用却难以持续太长时间。值得注意的是，LASSO-MIDAS 模型和 MRS-LASSO-MIDAS 模型的 R_{oos}^2 总是显著且大于其他竞争模型，且 MRS-LASSO-MIDAS 模型的 R_{oos}^2 更大。这进一步表明，与单个模型、组合预测方法和维度模型相比，MRS-LASSO-MIDAS 和 LASSO-MIDAS 模型，尤其是 MRS-LASSO-MIDAS 模型，更有助于从众多的分类 EPU 指数中获取有效信息，提高对 EUA 期货市场中长期波动率的样本外预测精度。

表 6-10 多步预测的样本外预测性能评估结果

模 型	$\Delta R_{oos}^2/\%$ ($h=3$)	Adj-MSPE ($h=3$)	$\Delta R_{oos}^2/\%$ ($h=6$)	Adj-MSPE ($h=6$)	$\Delta R_{oos}^2/\%$ ($h=9$)	Adj-MSPE ($h=9$)
MIDAS-EPU	4.725[2]	1.799	1.692[3]	1.405	−31.438	−2.387
MIDAS-MPU	10.143[2]	1.979	7.574[2]	2.246	−26.885	−1.922
MIDAS-FPU	4.261[3]	1.470	1.778[3]	1.549	−21.908	−0.728
MIDAS-TU	2.093	1.232	1.011[3]	1.330	−33.869	−1.536
MIDAS-GSU	7.819[3]	1.643	0.895	1.274	−24.398	0.266
MIDAS-HCU	−3.778	0.569	−9.838	−1.153	−15.348	1.117
MIDAS-NSU	9.144[3]	1.373	2.460	1.072	−20.269	−1.115
MIDAS-ENPU	5.051[2]	1.981	−4.165	0.436	−25.510	0.051
MIDAS-RU	−18.939	−1.217	−17.746	−1.134	−10.345	0.522
MIDAS-FRU	−24.442	−0.802	−18.737	−1.543	−22.420	−1.182
MIDAS-TPU	−3.047	−0.248	−28.635	−1.058	−6.415	0.700
MIDAS-SDCCU	1.953[2]	1.689	−2.521	−0.234	−18.527	0.854
MCF	2.613[3]	1.440	−1.984	0.028	−12.365	−0.834
MECF	3.191[2]	1.805	−1.122	0.460	−19.798	−1.561

续表 6-10

模　型	$h = 3$		$h = 6$		$h = 9$	
	$\Delta R_{oos}^2/\%$	Adj-MSPE	$\Delta R_{oos}^2/\%$	Adj-MSPE	$\Delta R_{oos}^2/\%$	Adj-MSPE
TMCF	3.628②	1.751	− 0.634	0.490	− 14.410	− 1.202
DMSPEC（0.9）	2.832③	1.436	− 1.716	0.096	− 11.668	− 0.708
DMSPEC（1）	2.564③	1.415	− 1.808	0.088	− 12.222	− 0.718
MIDAS-PCA	5.159②	2.019	0.845③	1.345	− 25.731	− 1.746
MIDAS-PLS	− 7.953	− 0.059	− 10.601	− 0.522	− 27.143	− 1.186
MIDAS-SPCA	− 10.542	− 0.390	− 20.715	− 1.291	− 25.241	− 0.761
LASSO-MIDAS	42.499②	1.997	11.195①	2.584	1.284①	2.480
MRS-LASSO-MDIAS	46.664③	1.370	11.367③	1.539	6.878①	2.674

①②③分别表示在 1%、5% 和 10% 显著性水平下拒绝原假设，即目标模型的 MSPE 大于或等于基准模型的 MSPE。

6.6.2　与 AR 模型的比较研究

本章发现了 LASSO-MIDAS 和 MRS-LASSO-MIDAS 模型在利用分类 EPU 指数预测 EUA 期货市场波动率方面的优势。然而，在现有文献中，AR 模型及其扩展模型是预测金融市场月度波动率的常见方法。因此，本节将进一步探讨 LASSO-MIDAS 模型和 MRS-LASSO-MIDAS 模型是否也比传统的 LASSO-AR 模型和 MRS-LASSO-AR 模型表现出一些优势。为此，本节使用 AR(6) 模型作为基准模型，检验了 MIDAS 扩展模型和 AR 扩展模型对 EUA 期货市场波动率的预测性能。根据 Liang 等（2020）的工作，下面给出 AR(6) 和 AR(6)-X 模型的计算公式。

AR(6) 模型：

$$LV_{t+h} = \beta_0 + \sum_{i=1}^{K} \beta_{RV,i} LV_{t-i+1} + \varepsilon_{t+h} \tag{6-24}$$

AR(6)-X 模型：

$$LV_{t+h} = \beta_0 + \sum_{i=1}^{K} \beta_{RV,i} LV_{t-i+1} + X_t + \varepsilon_{t+h} \tag{6-25}$$

本章同样在 AR 框架下结合组合预测方法、扩散指数模型以及两种机器学习方法构建了一系列的扩展模型。

通过表 6-11 展示了以 AR(6) 作为基准模型时，AR 模型和 MIDAS 模型的样本外预测性能评估结果，这些评估结果对于理解不同模型在预测 EUA 市场波动率方面的有效性至关重要。

表 6-11 以 AR 模型为基准时的样本外预测性能评估结果

模 型	AR		MIDAS	
	$R_{oos}^2/\%$	Adj-MSPE	$R_{oos}^2/\%$	Adj-MSPE
RV	—	—	1.652[2]	1.688
EPU	3.165	0.886	2.976[2]	2.281
MPU	1.188	0.489	4.596[1]	2.571
FPU	3.617	1.203	5.441[2]	1.929
TU	3.251	1.102	5.150[2]	1.987
GSU	4.268	1.261	4.975[3]	1.607
HCU	0.314	0.487	-2.877	0.481
NSU	7.477[2]	1.890	4.646[2]	1.792
ENPU	3.301[3]	1.570	1.665[2]	1.811
RU	-2.887	0.437	-5.656	0.181
FRU	-5.113	0.187	-7.241	-0.030
TPU	3.751	0.807	-3.595	-0.371
SDCCU	1.444	0.475	1.397[3]	1.605
MCF	4.236	0.883	8.547[2]	2.300
MECF	4.358	0.980	3.431[2]	2.085
TMCF	4.117	0.891	6.753[2]	2.307
DMSPEC (0.9)	4.095	0.849	10.092[2]	2.319
DMSPEC (1)	4.107	0.856	8.800[2]	2.345
PCA	1.198	0.799	4.254[1]	2.501
PLS	0.381	0.855	-1.083	1.779
SPCA	-3.459	0.394	-1.533	1.182
LASSO	40.150[2]	1.966	40.864[2]	1.986
MRS-LASSO	42.205[2]	1.803	42.364[2]	2.005

①②③分别表示在 1%、5% 和 10% 显著性水平下拒绝原假设,即目标模型的 MSPE 大于或等于基准模型的 MSPE。

首先,观察到在所有考虑的 AR 模型中,仅有基于 NSU 和 ENPU 构建的 AR 模型、LASSO-AR 模型和 MRS-LASSO-AR 模型的样本外拟合优度 R_{oos}^2 显著大于 0。这一发现突出了这些特定模型在捕捉 EUA 期货市场波动率方面的有效性。

其次,在 MIDAS 模型的分析中,发现大多数 MIDAS 模型,包括之前作为基准的 MIDAS-RV 模型及其扩展模型,都展现出了显著大于 0 的 R_{oos}^2。这强调了 MIDAS-RV 模型及其扩展模型在预测 EUA 期货市场月度波动率方面的显著优势。

在 AR 模型框架下，LASSO-AR 模型和 MRS-LASSO-AR 模型的 R_{oos}^2 值分别达到了 40.150% 和 42.205%，显示出这两种机器学习方法在传统的 AR 模型框架内也能产生出色的样本外预测效果。

对于 LASSO-MIDAS 和 MRS-LASSO-MIDAS 模型，其 R_{oos}^2 值分别达到了 40.864% 和 42.364%，这些结果进一步证实了这两种模型在预测 EUA 期货市场波动率方面的卓越性能。

最后，表 6-12 提供了表 6-11 中提到的四种机器学习方法的 MCS 检验结果。根据表 6-12 的数据，可以看到 MRS-LASSO-MIDAS 模型在四种不同的损失函数下均以 p 值为 1.000 通过了 MCS 检验，这一结果进一步证实了 MRS-LASSO-MIDAS 模型在预测 EUA 期货市场波动率方面的优越性和稳健性。

表 6-12   基于 AR 和基于 MIDAS 的 LASSO 模型的 MCS 检验结果

模　型	MSE	MAE	HMSE	HMAE
LASSO-AR	0.515	0.605	0.474	0.744
MRS-LASSO-AR	0.931	0.605	0.544	0.744
LASSO-MIDAS	0.620	0.455	0.795	0.744
MRS-LASSO-MIDAS	**1.000**	**1.000**	**1.000**	**1.000**

注：该表列出了 MCS 检验的结果（p 值）。用粗体表示的 p 值代表最大的 MCS 检验 p 值，即 1.000。

因此，无论是在 AR 模型还是在 MIDAS 模型的框架下，LASSO 和 MRS-LASSO 方法均展现出了其在预测 EUA 期货市场波动率方面的显著优势。特别是 MRS-LASSO-MIDAS 模型，它不仅在样本外预测性能上表现出色，而且在稳健性检验中也证明了自己的可靠性。

6.6.3 高（低）波动期

在金融领域，预测因子的预测能力在不同的波动水平下通常具有差异性，为了深入理解本章所考虑的不同预测方法在不同波动环境下的性能，本节专注于分析这些方法在高波动和低波动条件下的预测效果。

通过表 6-13 提供了详细的分析结果，该表汇总了在高波动和低波动环境下，本章所考虑的预测方法的样本外预测评估结果。根据表 6-13 的数据，可以观察到只有少数模型，包括基于 MPU 的 MIDAS 模型、MCF 和 DMSPEC 方法，以及两种机器学习方法 LASSO-MIDAS 和 MRS-LASSO-MIDAS，能同时在高波动和低波动水平下均产生显著大于 0 的 R_{oos}^2。这表明这些模型在不同市场条件下均能保持稳定的预测能力。

表 6-13 在高（低）波动性状态下的样本外预测性能评估结果

模　型	高波动		低波动	
	$R^2_{oos}/\%$	Adj-MSPE	$R^2_{oos}/\%$	Adj-MSPE
MIDAS-EPU	1.414[3]	1.372	−2.891	0.810
MIDAS-MPU	2.588[3]	1.418	9.671[3]	1.547
MIDAS-FPU	4.355[3]	1.423	−10.058	0.743
MIDAS-TU	4.204[3]	1.503	−13.554	0.481
MIDAS-GSU	2.814	0.962	13.318[2]	1.821
MIDAS-HCU	−5.083	−1.050	3.169	1.134
MIDAS-NSU	4.368[3]	1.406	−29.221	−0.430
MIDAS-ENPU	1.735[3]	1.314	−41.009	0.263
MIDAS-RU	−4.903	−0.147	−66.857	−0.757
MIDAS-FRU	−10.202	−0.713	14.205[3]	1.372
MIDAS-TPU	−3.627	−0.811	−44.087	−0.967
MIDAS-SDCCU	−1.435	0.069	24.390[1]	3.468
MCF	6.670[3]	1.625	12.079[3]	1.531
MECF	1.842	1.244	−1.672	0.872
TMCF	5.044[3]	1.572	5.787	1.181
DMSPEC (0.9)	8.175[2]	1.683	15.192[2]	1.682
DMSPEC (1)	6.826[2]	1.650	14.637[2]	1.666
MIDAS-PCA	3.513[2]	1.899	−19.448	0.441
MIDAS-PLS	−1.690	0.863	−30.037	0.090
MIDAS-SPCA	−2.294	0.473	−27.217	0.217
LASSO-MIDAS	40.577[2]	1.854	22.552[1]	2.726
MRS-LASSO-MIDAS	40.519[2]	1.785	60.089[2]	2.129

①②③分别表示在1%、5%和10%显著性水平下拒绝原假设，即目标模型的 MSPE 大于或等于基准模型的 MSPE。

　　相比之下，大多数其他模型只能在高波动或低波动中的一个条件下产生大于0 的 R^2_{oos}，这揭示了为何在前几节的研究中发现单一的个体模型、组合预测方法和扩散指数模型难以在整个样本期内提供稳健的样本外预测性能。

　　特别地，LASSO-MIDAS 模型和 MRS-LASSO-MIDAS 模型在高波动时期的 R^2_{oos} 非常接近，并且它们的预测性能普遍优于其他竞争模型。这一发现表明，在市场波动性较高时，这两种基于 LASSO 的 MIDAS 模型能够提供较为精确的预测。

　　然而，在低波动期，LASSO-MIDAS 模型的 R^2_{oos} 出现了显著下降，其预测精度甚至可能低于 MIDAS-SDCCU 模型。这可能暗示了 LASSO-MIDAS 模型在市场波动性较低时可能面临一些挑战。

与此同时，MRS-LASSO-MIDAS 模型在低波动环境下的 R_{oos}^2 显著提高，显示出其在这一条件下的预测性能最为优秀。这一结果进一步强化了 MRS-LASSO-MIDAS 模型在适应不同市场波动水平方面的优越性。

综合本节的实证结果，可以得出结论：MRS-LASSO-MIDAS 模型在预测 EUA 期货市场波动率方面，无论是在高波动还是低波动环境下，都展现出了显著的优势。这些发现对于金融分析师和投资者在选择适合不同市场条件的预测模型时具有重要的参考价值，有助于他们更有效地进行市场分析和风险管理。

6.6.4　新冠疫情暴发前后的预测研究

COVID-19 疫情对全球金融系统和经济环境产生了深远的负面影响，这一点已广泛被学术界和实务界所认可。在这样的背景下，评估和验证金融市场预测模型在极端情况下的表现变得尤为重要。特别是，如果这些模型能够展现出对 COVID-19 期间 EUA 市场波动率的显著样本外预测性能，这将进一步确证分类 EPU 指数在预测市场波动性方面的有效性。

为了深入探究 COVID-19 对预测模型性能的影响，本节采取了区分两个不同时间段的子样本进行分析的策略：一个是 COVID-19 疫情暴发前的时期；另一个是 COVID-19 疫情期间。通过这种对比分析，可以检验 COVID-19 疫情的暴发是否对本章所采用的预测方法的样本外预测性能产生了影响。

根据表 6-14 所展示的评估结果，可以观察到一些关键的发现。首先，传统的单个模型、组合预测方法和扩散指数模型的预测性能在 COVID-19 暴发前是显著的，但在疫情暴发期间，这些模型的预测性能不再显著。这可能表明，这些模型对于捕捉极端市场条件下的波动性变化具有一定的局限性。

表 6-14　COVID-19 前后的样本外预测性能评估结果

模　型	COVID-19 暴发前		COVID-19 暴发后	
	$R_{oos}^2/\%$	Adj-MSPE	$R_{oos}^2/\%$	Adj-MSPE
MIDAS-EPU	2.293[①]	1.741	−12.967	−0.031
MIDAS-MPU	3.317[①]	1.813	−1.909	0.183
MIDAS-FPU	4.580[②]	1.545	−7.153	0.359
MIDAS-TU	4.119[②]	1.577	−4.944	0.328
MIDAS-GSU	4.160[②]	1.324	−8.451	−0.206
MIDAS-HCU	−4.513	−0.433	−6.008	−0.021
MIDAS-NSU	3.191[②]	1.334	0.820	0.444

模 型	COVID-19 暴发前		COVID-19 暴发后	
	$R_{oos}^2/\%$	Adj-MSPE	$R_{oos}^2/\%$	Adj-MSPE
MIDAS-ENPU	2. 605[2]	1. 383	− 39. 203	0. 257
MIDAS-RU	− 6. 673	− 0. 312	− 18. 898	− 0. 256
MIDAS-FRU	− 9. 205	− 0. 501	− 6. 589	0. 018
MIDAS-TPU	− 5. 863	− 1. 220	2. 638	1. 029
MIDAS-SDCCU	− 0. 195	0. 826	− 1. 227	− 0. 337
MCF	7. 607[1]	1. 837	− 2. 010	0. 410
MECF	2. 280[2]	1. 537	− 5. 316	0. 086
TMCF	5. 715[1]	1. 775	− 2. 799	0. 366
DMSPEC (0. 9)	9. 290[1]	1. 889	− 2. 149	0. 415
DMSPEC (1)	7. 831[1]	1. 875	− 1. 254	0. 466
MIDAS-PCA	4. 003[1]	2. 028	− 17. 886	0. 288
MIDAS-PLS	− 1. 717	0. 869	− 18. 894	0. 256
MIDAS-SPCA	− 2. 102	0. 549	− 20. 441	0. 187
LASSO-MIDAS	42. 088[1]	1. 866	6. 327[3]	1. 387
MRS-LASSO-MIDAS	43. 278[1]	1. 903	12. 922[3]	1. 620

①②分别表示在 5% 和 10% 显著性水平下拒绝原假设, 即目标模型的 MSPE 大于或等于基准模型的 MSPE。

然而, LASSO-MIDAS 模型和 MRS-LASSO-MIDAS 模型, 即使在面对 COVID-19 疫情这样的极端市场条件时, 仍然展现出了显著的样本外预测性能。这一发现突出了这两种机器学习方法在处理复杂市场波动性时的稳健性和适应性。

尽管如此, 与 COVID-19 暴发前相比, LASSO-MIDAS 模型和 MRS-LASSO-MIDAS 模型在疫情暴发后的样本外 R_{oos}^2 值均出现了大幅度的下降。这可能意味着, 尽管这两种模型在疫情期间仍能提供一定程度的预测能力, 但 COVID-19 疫情的暴发确实降低了分类 EPU 指数对 EUA 期货市场波动率的可预测性。

因此, 本节的实证研究结果揭示了 COVID-19 疫情对金融市场预测模型性能的影响, 并强调了在极端市场条件下评估模型稳健性的重要性。尽管 COVID-19 疫情降低了分类 EPU 指数的可预测性, 但 LASSO-MIDAS 和 MRS-LASSO-MIDAS 这两种机器学习方法仍然显示出对 EUA 期货市场波动率的良好预测能力。

7　EUA 波动率预测研究：
资产配置和风险对冲效果

7.1　概述

现有文献大多利用各种检验方法从统计层面出发评估波动率或收益率模型的预测性能，却缺少对波动率预测的应用研究。上文的分析同样利用 MCS 检验和样本外 R_{oos}^2 检验方法等进行模型的预测性能评估。然而，波动率是资产配置和风险管理过程中的重要输入变量，实际应用中的政策制定者和投资者往往更加关注是否能将波动率预测结果应用到资产配置和风险管理等领域。出于这一考虑，本章进一步探讨 EUA 期货市场波动率预测在资产配置和金融风险管理领域的应用研究。

对于 EUA 波动率在资产配置领域方面的应用，本章主要讨论用波动率预测结果构建的风险-无风险投资组合能否产生可观的投资性能。为衡量投资性能，本章利用 Bollerslev 等（2018）的研究方法，计算了 EUA 和无风险资产构建的投资组合的平均预期效用。Bollerslev 等（2018）的预期效用量化方法主要反映恒定夏普比率假定下的风险-无风险资产投资组合的预期效用，且该方法在波动率预测研究领域被广泛地用于衡量波动率预测的投资性能。研究指出，Bollerslev 等（2018）的预期效用量化方法在计算过程中仅依赖于风险资产的真实波动率和波动率的预测结果，而不像 Campbell 和 Thompson（2008）和 Rapach 等（2010）所用的方法那样，同时依赖于风险资产的收益率和波动率预测结果，因此更适用于评估波动率预测模型的投资性能。

对于 EUA 波动率在金融风险管理领域方面的应用，本章主要讨论用波动率预测结果构建的风险对冲策略能否产生可观的风险对冲效果。风险对冲是管理商品市场风险和股票市场风险的一种好办法，它是指通过投资或购买某种资产或衍生产品，来冲销标的资产的潜在损失的一种风险管理策略。为衡量风险对冲效果，本章以股票市场和原油市场作为风险资产，参考 Chkili（2016）的做法，结合 A-DCC 模型讨论用 EUA 波动率预测结果构建出的对冲策略对股票市场和原油市场风险的对冲有效性。相较于传统的多元 GARCH 模型，A-DCC 模型在捕获变量间的动态相关性方面更具优势。同时，A-DCC 模型也能在 DCC 模型的基础上更好地捕获变量之间的非对称相关性。虽然近年来关于风险对冲的研究十分丰富，但尚未有文献基于 EUA 波动率的预测结果评估其对风险资产的风险对冲效果。

综上分析，本章对 EUA 期货市场波动率预测的应用研究是对现有资产配置和金融风险管理研究领域的进一步补充和扩展。本章以第 6 章实证结果为例的应用研究发现了 LASSO-MIDAS 和 MRS-LASSO-MIDAS 模型在资产配置和金融风险管理中的优势，这也对碳交易市场投资者的资产配置，以及金融市场风险管理者的风险管理有着重要的指导意义。

7.2 评估投资性能和风险对冲能力方法

7.2.1 评估投资性能方法

波动率在资产配置和金融风险管理等领域应用广泛，好的市场波动率预测结果应该在实践中得到较好的应用。出于这一考虑，这一章以第 6 章的实证结果为例，首先使用 Bollerslev 等（2018）提出的均值-方差效用方法来量化波动率预测模型的投资性能。通过计算恒定夏普比率下的均值-方差投资者的平均预期效用，可以量化波动率预测模型产生的投资性能。基于波动率预测结果的平均预期效用可以被计算为：

$$\overline{U}(\widehat{RV}_{t+1}) = \frac{1}{q}\sum_{t=I+1}^{T-1}\frac{SR^2}{\gamma}\left(\frac{\sqrt{RV_{t+1}}}{\sqrt{\widehat{RV}_{t+1}}} - \frac{1}{2}\cdot\frac{RV_{t+1}}{\widehat{RV}_{t+1}}\right) \tag{7-1}$$

式中，SR 和 γ 分别为投资者的恒定夏普比率和相对风险厌恶程度。

根据 Bollerslev 等（2018）的工作，本章令 SR 恒为 0.4，并考虑了 γ 分别为 2、3 和 6 的情况。

7.2.2 评估风险对冲能力方法

本章还进一步评估了波动率预测模型对常见风险资产（股票市场和原油市场）的风险对冲效果。假设投资者进行风险对冲的目的是最小化投资组合风险，则对冲效果的评价标准可以计算为：

$$HE = \frac{var(r_{R,t}) - var(r_{H,t})}{var(r_{R,t})} \tag{7-2}$$

式中，$var(r_{R,t})$ 和 $var(r_{H,t})$ 分别为风险资产的方差和对冲投资组合的方差；$r_{R,t}$ 和 $r_{H,t}$ 分别为风险资产的对数收益率和对冲投资组合的收益率。

假设投资者使用 EUA 期货来对冲风险资产的风险，则 $var(r_{H,t})$ 可以被计算为：

$$var(r_{H,t}) = \sigma_{H,t}^2 = \sigma_{R,t}^2 + \gamma_t^2\sigma_{EUA,t}^2 - 2\gamma_t cov(r_{R,t}, r_{EUA,t}) \tag{7-3}$$

式中，$\sigma_{R,t}^2 = var(r_{R,t})$ 和 $\sigma_{EUA,t}^2 = var(r_{EUA,t})$ 分别为风险资产和 EUA 期货的条件方差；$cov(r_{R,t}, r_{EUA,t})$ 分别为 $r_{R,t}$ 和 $r_{EUA,t}$ 的条件协方差；γ 为 EUA 期货的对冲比率。

一般来说，对冲比率 $\gamma(HR)$ 可以被计算为：

$$\gamma_t = \frac{cov(r_{R,t}, r_{EUA,t})}{\sigma_{EUA,t}^2} \tag{7-4}$$

于是，投资者可以在第 $t-1$ 期利用波动率预测结果预估并确定下一期的对冲比率为：

$$\gamma_t^* = \frac{cov(\widehat{r_{R,t}}, \widehat{r_{EUA,t}})}{\hat{\sigma}_{EUA,t}^2} \tag{7-5}$$

从式（7-2）~式（7-5）来看，要评估波动率预测模型的风险对冲效果，需要解决的问题包括：条件方差和协方差的衡量，以及对冲比率 γ 的预估。对式（7-5），本章令 $cov(\widehat{r_{R,t}}, \widehat{r_{EUA,t}}) = cov(r_{R,t-1}, r_{EUA,t-1})$，并且令 $\hat{\sigma}_{EUA,t}^2 = \alpha \cdot \widehat{RV}_{EUA,t}$。$\alpha$ 由第 $t-1$ 期利用 EUA 的历史条件方差 σ_{EUA}^2 和历史已实现波动率 RV_{EUA}^2 估计得到。于是，式（7-3）可以被写为：

$$\sigma_{H,t}^2 = \sigma_{R,t}^2 + \gamma_t^{*2}\sigma_{EUA,t}^2 - 2\gamma_t^* cov(r_{R,t}, r_{EUA,t}) \tag{7-6}$$

为了计算式（7-6）中的 $\sigma_{R,t}^2$、$\sigma_{EUA,t}^2$ 和 $cov(r_{R,t}, r_{EUA,t})$，参考 Chkili（2016）的做法，使用了 A-DCC 模型。结合式（7-2）和式（7-6），即可量化出基于 EUA 波动率预测结果的对冲效率为：

$$HE = \frac{\sigma_{R,t}^2 - \sigma_{H,t}^2}{\sigma_{R,t}^2} \tag{7-7}$$

7.3　基于 EUA 期货市场波动率预测的投资性能评估

7.3.1　投资性能评估结果

本节首先以表 6-2 中的实证结果为例，进行投资性能的评估。表 7-1 给出了预测性能评估结果，在三种风险偏好水平下，均只有 LASSO-MIDAS 和 MRS-LASSO-MIDAS 模型产生了比基准模型更高的预期效用。其中，MRS-LASSO-MIDAS 模型的预期效用更高一些，它在风险偏好水平为 2、3 和 6 时分别产生了 3.382、2.255 和 1.127 的预期效用值。这些发现意味着，不同风险偏好水平下的投资者均可以使用 LASSO-MIDAS 模型和 MRS-LASSO-MIDAS 模型，尤其是 MRS-LASSO-MIDAS 模型来从众多分类 EPU 指数中获得有效信息，并在 EUA 期货市场上获得相对可观的投资收益。

表 7-1　不同预测模型的投资性能评估结果

模　型	$\gamma = 2$	$\gamma = 3$	$\gamma = 6$
MIDAS-RV	3.349	2.233	1.116
MIDAS-EPU	3.276	2.184	1.092
MIDAS-MPU	3.284	2.189	1.095

模　　型	$\gamma = 2$	$\gamma = 3$	$\gamma = 6$
MIDAS-FPU	3.247	2.165	1.082
MIDAS-TU	3.276	2.184	1.092
MIDAS-GSU	3.177	2.118	1.059
MIDAS-HCU	3.167	2.111	1.056
MIDAS-NSU	3.336	2.224	1.112
MIDAS-ENPU	3.186	2.124	1.062
MIDAS-RU	3.315	2.210	1.105
MIDAS-FRU	3.216	2.144	1.072
MIDAS-TPU	3.297	2.198	1.099
MIDAS-SDCCU	3.205	2.137	1.068
MCF	3.338	2.225	1.113
MECF	3.285	2.190	1.095
TMCF	3.328	2.218	1.109
DMSPEC（0.9）	3.340	2.227	1.113
DMSPEC（1）	3.334	2.223	1.111
MIDAS-PCA	3.248	2.165	1.083
MIDAS-PLS	3.252	2.168	1.084
MIDAS-SPCA	3.260	2.173	1.087
LASSO-MIDAS	**3.378**	**2.252**	**1.126**
MRS-LASSO-MIDAS	**3.382**	**2.255**	**1.127**

注：表中是用 EUA 期货市场的波动率预测结果计算出的平均预期效用，加粗的结果对应最大的平均预期效用。

7.3.2　稳健性检验

本节更改滚动窗口长度和模型滞后阶数来验证波动率预测模型是否能产生稳健的投资性能。表 7-2 列出了 1/2 滚动窗口长度下的投资性能评估结果，表 7-3 展示了滞后阶数为 12 时的投资性能评估结果。实证结果显示，在更换滚动窗口长度和模型滞后阶数下，仍然只有 LASSO-MIDAS 和 MRS-LASSO-MIDAS 模型能够产生比基准模型更高的预期效用。其中，MRS-LASSO-MIDAS 模型的预期效用更高一些。

表 7-2　1/2 滚动窗口长度下不同预测模型的投资性能评估结果

模　型	$\gamma = 2$	$\gamma = 3$	$\gamma = 6$
MIDAS-RV	3. 525	2. 350	1. 175
MIDAS-EPU	3. 471	2. 314	1. 157
MIDAS-MPU	3. 449	2. 300	1. 150
MIDAS-FPU	3. 481	2. 321	1. 160
MIDAS-TU	3. 493	2. 329	1. 164
MIDAS-GSU	3. 462	2. 308	1. 154
MIDAS-HCU	3. 468	2. 312	1. 156
MIDAS-NSU	3. 493	2. 329	1. 164
MIDAS-ENPU	3. 460	2. 307	1. 153
MIDAS-RU	3. 458	2. 305	1. 153
MIDAS-FRU	3. 494	2. 329	1. 165
MIDAS-TPU	3. 521	2. 347	1. 174
MIDAS-SDCCU	3. 501	2. 334	1. 167
MCF	3. 495	2. 330	1. 165
MECF	3. 488	2. 325	1. 163
TMCF	3. 494	2. 329	1. 165
DMSPEC（0. 9）	3. 495	2. 330	1. 165
DMSPEC（1）	3. 495	2. 330	1. 165
MIDAS-PCA	3. 467	2. 311	1. 156
MIDAS-PLS	3. 465	2. 310	1. 155
MIDAS-SPCA	3. 460	2. 307	1. 153
LASSO-MIDAS	**3. 544**	**2. 356**	**1. 178**
MRS-LASSO-MIDAS	**3. 578**	**2. 385**	**1. 193**

注：表中是用 EUA 期货市场的波动率预测结果计算出的平均预期效用，加粗的结果对应最大的平均
　　预期效用。

表 7-3　滞后阶数为 12 时不同预测模型的投资性能评估结果

模　型	$\gamma = 2$	$\gamma = 3$	$\gamma = 6$
MIDAS-RV	3. 453	2. 302	1. 151
MIDAS-EPU	3. 330	2. 220	1. 110
MIDAS-MPU	3. 372	2. 248	1. 124
MIDAS-FPU	3. 332	2. 221	1. 111
MIDAS-TU	3. 344	2. 229	1. 115

模　型	$\gamma = 2$	$\gamma = 3$	$\gamma = 6$
MIDAS-GSU	3.328	2.219	1.109
MIDAS-HCU	3.286	2.191	1.095
MIDAS-NSU	3.411	2.274	1.137
MIDAS-ENPU	3.313	2.209	1.104
MIDAS-RU	3.376	2.251	1.125
MIDAS-FRU	3.367	2.245	1.122
MIDAS-TPU	3.449	2.299	1.150
MIDAS-SDCCU	3.330	2.220	1.110
MCF	3.406	2.271	1.135
MECF	3.393	2.262	1.131
TMCF	3.403	2.268	1.134
DMSPEC (0.9)	3.406	2.271	1.135
DMSPEC (1)	3.405	2.270	1.135
MIDAS-PCA	3.345	2.230	1.115
MIDAS-PLS	3.358	2.239	1.119
MIDAS-SPCA	3.362	2.241	1.121
LASSO-MIDAS	**3.533**	**2.355**	**1.178**
MRS-LASSO-MIDAS	**3.618**	**2.412**	**1.206**

注：表中是用 EUA 期货市场的波动率预测结果计算出的平均预期效用，加粗的结果对应最大的平均预期效用。

7.4　基于 EUA 期货市场波动率预测的风险对冲效果

7.4.1　对欧美股市的风险对冲效果

本节以表 6-2 中的实证结果为例，考察用 EUA 期货市场波动率预测结果构建的对冲策略是否能对欧美股市产生可观的风险对冲效果。对欧洲股票市场，这里以欧洲斯托克 50 指数（EUR）为例进行了风险对冲效果的评估。对美国股票市场，这里以美国标准普尔 500 指数（SPX）为例进行了风险对冲效果的评估。表 7-4 给出了对欧美股市的风险对冲效果，在所有模型中，基于 LASSO-MIDAS 和 MRS-LASSO-MIDAS 模型的预测结果构建的对冲策略对欧美股市的风险对冲效果（HE）总是排行前两位。具体来说，对欧洲股票市场，基于 MRS-LASSO-MIDAS 模型和 LASSO-MIDAS 模型的波动率预测结果构建的对冲策略分别产生了 9.537% 和 9.455% 的风险对冲效率，明显高于其他模型产生的风险对冲效率。对美国股票市场，基于 MRS-LASSO-MIDAS 和 LASSO-MIDAS 模型的波动率预测结果构建的对冲策略分别产生了 3. 100% 和 3. 085% 的风险对冲效率，相对于其他模型，两者产生的风险对冲效率也有一定提高。这一实证发现也说明，准确地预测 EUA 期货市场波动率有助于股市风险管理人员及时调整风险对冲策略，更好地对冲欧美股市的市场风险。值得一提的是，从表 7-4 来看，EUA 期货市场对欧洲股市的风险对冲效率均在 8% 以上，而它对美国股市的风险对冲效果为 2% ~ 3. 5%。显然 EUA 期货对欧洲股市的风险对冲效果更好。这可能与欧洲股市和 EUA 期货市场均在欧洲交易，且两者均主要反映欧洲市场状况有关。

表 7-4　对欧美股市的风险对冲比率和风险对冲效果

模　型	EUR		SPX	
	HR/%	HE/%	HR/%	HE/%
MIDAS-RV	1. 8	9. 082	1. 8	2. 819
MIDAS-EPU	1. 8	9. 153	1. 8	2. 852
MIDAS-MPU	1. 6	9. 084	1. 8	2. 677
MIDAS-FPU	1. 8	9. 205	1. 9	2. 915
MIDAS-TU	1. 8	9. 217	1. 9	2. 919
MIDAS-GSU	1. 8	9. 077	1. 9	2. 832
MIDAS-HCU	1. 9	9. 285	1. 9	2. 957
MIDAS-NSU	1. 7	9. 169	1. 7	2. 839
MIDAS-ENPU	1. 8	8. 953	1. 9	2. 851
MIDAS-RU	1. 7	8. 932	1. 8	2. 775
MIDAS-FRU	1. 7	8. 897	1. 9	2. 668
MIDAS-TPU	1. 7	8. 935	1. 7	2. 821
MIDAS-SDCCU	1. 8	9. 135	1. 9	2. 810
MCF	1. 7	9. 164	1. 8	2. 866
MECF	1. 8	9. 126	1. 8	2. 858
TMCF	1. 7	9. 156	1. 8	2. 863
DMSPEC（0. 9）	1. 7	9. 173	1. 8	2. 872
DMSPEC（1）	1. 7	9. 173	1. 8	2. 872
MIDAS-PCA	1. 7	9. 083	1. 8	2. 866
MIDAS-PLS	1. 8	8. 944	1. 8	2. 832
MIDAS-SPCA	1. 8	8. 988	1. 8	2. 828
LASSO-MIDAS	**1. 8**	**9. 455**	**1. 8**	**3. 085**
MRS-LASSO-MIDAS	**1. 7**	**9. 537**	**1. 8**	**3. 100**

注：加粗的数值对应所有模型中排行前二的对冲效果。

7.4.2 稳健性检验

为验证基于波动率预测结果构建的风险对冲策略是否能产生稳健的风险对冲效果，本节通过改变滚动窗口长度和滞后阶数进行了稳健性检验。表 7-5 给出了 1/2 滚动窗口长度下，基于波动率预测结果构建的对冲策略对欧美股市的风险对冲比率和风险对冲效果。从表 7-5 可以看到，在所有模型中，MRS-LASSO-MIDAS 模型在两个市场上均产生了最高的对冲效率，分别是 10.185% 和 2.701%；LASSO-MIDAS 模型次之，它在两个市场上分别产生了 10.148% 和 2.665% 的对冲效率。与前文研究类似，本节发现 EUA 期货对欧洲股市的风险对冲效果更好。

表 7-5 1/2 滚动窗口长度下对欧美股市的风险对冲比率和风险对冲效果

模 型	EUR		SPX	
	HR/%	HE/%	HR/%	HE/%
MIDAS-RV	2.3	9.396	1.8	2.409
MIDAS-EPU	2.0	8.958	1.8	2.344
MIDAS-MPU	2.0	9.067	1.8	2.363
MIDAS-FPU	2.1	9.038	1.9	2.364
MIDAS-TU	2.1	9.048	1.8	2.354
MIDAS-GSU	2.2	9.233	1.9	2.435
MIDAS-HCU	2.1	9.094	1.9	2.360
MIDAS-NSU	2.1	9.278	1.8	2.379
MIDAS-ENPU	2.1	9.232	1.9	2.399
MIDAS-RU	2.1	8.991	1.8	2.326
MIDAS-FRU	2.1	9.057	1.9	2.384
MIDAS-TPU	2.3	9.409	1.8	2.382
MIDAS-SDCCU	2.3	9.396	1.9	2.428
MCF	2.1	9.152	1.9	2.376
MECF	2.1	9.131	1.9	2.377
TMCF	2.1	9.144	1.9	2.377
DMSPEC (0.9)	2.1	9.162	1.9	2.377
DMSPEC (1)	2.1	9.155	1.9	2.376
MIDAS-PCA	2.0	8.980	1.8	2.351
MIDAS-PLS	2.1	9.028	1.8	2.362
MIDAS-SPCA	2.1	9.046	1.9	2.366
LASSO-MIDAS	**2.4**	**10.148**	**1.9**	**2.665**
MRS-LASSO-MIDAS	**2.4**	**10.185**	**1.9**	**2.701**

注：加粗的数值对应所有模型中排行前二的对冲效果。

　　表 7-6 展示了滞后阶数设定为 12 时，基于 EUA 期货市场波动率预测结果构建的对冲策略对欧美股市的风险对冲比率和风险对冲效果。可以看到，在所有模型中，MRS-LASSO-MIDAS 模型在两个市场上仍然产生了最高的对冲效率，分别是 9.928% 和 3.429%；LASSO-MIDAS 模型的对冲效果仍然仅次于 MRS-LASSO-MIDAS 模型，它在两个市场上分别产生了 9.880% 和 3.288% 的风险对冲效率。此时，EUA 期货市场对欧洲股市仍然显示出更好的风险对冲效果。

表 7-6　滞后阶数为 12 时对欧美股市的风险对冲比率和风险对冲效果

模　型	EUR		SPX	
	HR/%	HE/%	HR/%	HE/%
MIDAS-RV	1.8	9.111	1.8	2.883
MIDAS-EPU	2.0	9.649	1.9	3.118
MIDAS-MPU	1.7	9.162	1.8	2.789
MIDAS-FPU	2.0	9.746	1.9	3.142
MIDAS-TU	2.0	9.711	1.9	3.127
MIDAS-GSU	1.7	9.118	1.9	2.853
MIDAS-HCU	2.1	9.853	2.0	3.232
MIDAS-NSU	1.9	9.391	1.8	2.958
MIDAS-ENPU	1.8	8.993	1.8	2.797
MIDAS-RU	2.1	9.533	1.9	3.048
MIDAS-FRU	1.8	9.066	1.8	2.895
MIDAS-TPU	1.7	8.980	1.7	2.918
MIDAS-SDCCU	1.8	9.099	1.9	2.811
MCF	1.9	9.384	1.9	2.970
MECF	1.9	9.352	1.9	2.964
TMCF	1.9	9.392	1.9	2.978
DMSPEC (0.9)	1.8	9.363	1.9	2.960
DMSPEC (1)	1.9	9.383	1.9	2.970
MIDAS-PCA	2.0	9.704	1.9	3.149
MIDAS-PLS	1.9	9.328	1.8	2.943
MIDAS-SPCA	2.0	9.606	1.9	3.081
LASSO-MIDAS	**1.8**	**9.880**	**1.8**	**3.288**
MRS-LASSO-MIDAS	**1.8**	**9.928**	**1.8**	**3.429**

　　注：加粗的数值对应所有模型中排行前二的对冲效果。

7.4.3 对其他市场的风险对冲效果

7.4.3.1 对工业和交通运输行业股票市场的风险对冲效果

在众多行业中，工业行业的能源消费量和碳排放量长期高居榜首。同时，交通运输行业也是能源消耗与碳排放的重要行业之一。目前，随着全球气候变化带来的极端天气增加，工业行业和交通运输行业也需要以金融和技术为支撑，围绕着能源系统转型优化、工业系统转型升级、交通系统清洁化发展等方面开展"碳中和"行动。在此背景下，讨论用 EUA 期货市场波动率预测结果构建的风险对冲策略对工业和交通运输行业股票市场的风险对冲效果也极为重要。因此，本节评估了基于 EUA 期货市场波动率预测结果构建的对冲策略是否能对工业和交通运输行业股票市场产生可观的风险对冲效果。对工业行业，这里以道琼斯工业平均指数（DJI）为例进行了风险对冲效果的评估。对交通运输行业，这里以道琼斯运输业平均指数（DJT）为例进行了风险对冲效果的评估。

表 7-7 展示了对工业和交通运输行业股票市场的风险对冲效果。可以看到，在所有模型中，MRS-LASSO-MIDAS 模型在两个市场上均产生了最高的风险对冲效率，分别是 2.068% 和 2.861%；LASSO-MIDAS 模型产生的对冲效率仅次于 MRS-LASSO-MIDAS，它在两个市场上分别产生了 2.036% 和 2.819% 的对冲效率。显然，主要实证发现与前文一致，也就是说，即使是在工业和运输行业上，LASSO-MDIAS 和 MRS-LASSO-MIDAS 模型也仍然能够产生较好的风险对冲效果。

表 7-7 对工业和运输行业股票市场的风险对冲比率和风险对冲效果

模 型	DJI		DJT	
	HR/%	HE/%	HR/%	HE/%
MIDAS-RV	1.4	1.968	2.1	2.716
MIDAS-EPU	1.4	1.968	2.0	2.714
MIDAS-MPU	1.4	1.887	2.0	2.634
MIDAS-FPU	1.4	2.023	2.1	2.756
MIDAS-TU	1.4	2.028	2.1	2.760
MIDAS-GSU	1.4	1.973	2.1	2.735
MIDAS-HCU	1.4	2.061	2.2	2.798
MIDAS-NSU	1.3	1.930	1.9	2.687
MIDAS-ENPU	1.4	1.955	2.0	2.658
MIDAS-RU	1.4	1.899	2.0	2.621

续表7-7

模 型	DJI		DJT	
	HR/%	HE/%	HR/%	HE/%
MIDAS-FRU	1.4	1.912	2.1	2.622
MIDAS-TPU	1.3	1.915	2.0	2.668
MIDAS-SDCCU	1.4	1.977	2.1	2.730
MCF	1.4	1.965	2.0	2.715
MECF	1.4	1.964	2.0	2.714
TMCF	1.4	1.962	2.0	2.709
DMSPEC (0.9)	1.4	1.965	2.0	2.716
DMSPEC (1)	1.4	1.966	2.0	2.717
MIDAS-PCA	1.4	1.949	2.0	2.689
MIDAS-PLS	1.3	1.907	2.1	2.624
MIDAS-SPCA	1.4	1.928	2.0	2.639
LASSO-MIDAS	**1.3**	**2.036**	**2.0**	**2.819**
MRS-LASSO-MIDAS	**1.4**	**2.068**	**2.0**	**2.861**

注：加粗的数值对应所有模型中排行前二的对冲效果。

7.4.3.2 对原油市场的风险对冲效果

在探讨化石燃料燃烧作为主要碳排放源的问题时，石油在国际能源消费结构中占据着举足轻重的地位。鉴于此，本节的研究重点转向了风险对冲策略，特别是利用 EUA 期货市场波动率预测结果构建的风险对冲策略，以评估其在原油市场上的应用效果。本节选取了 WTI 原油和 Brent 原油市场作为案例，进行了深入的风险对冲效果评估。

在表 7-8 中，列出了对原油市场进行风险对冲的比率和效率。根据表 7-8 中数据可以清晰地看到，MRS-LASSO-MIDAS 模型在两个原油市场上均实现了最高的对冲效率，分别为 3.790% 和 5.109%；紧随其后的是 LASSO-MIDAS 模型，在 WTI 原油和 Brent 原油市场上分别产生了 3.745% 和 5.107% 的对冲效率。这些结果与前文的主要实证发现保持一致，表明 LASSO-MIDAS 和 MRS-LASSO-MIDAS 模型不仅在 EUA 期货市场上表现优异，也能在原油市场上提供良好的风险对冲效果。

表 7-8　对原油市场的风险对冲比率和风险对冲效果

模　型	WTI		Brent	
	HR/%	HE/%	HR/%	HE/%
MIDAS-RV	8.2	3.364	9.6	4.619
MIDAS-EPU	8.8	3.426	10.1	4.575
MIDAS-MPU	8.5	3.316	9.9	4.354
MIDAS-FPU	9.0	3.530	10.2	4.697
MIDAS-TU	8.9	3.538	10.2	4.721
MIDAS-GSU	9.2	3.421	10.4	4.458
MIDAS-HCU	9.3	3.501	10.6	4.545
MIDAS-NSU	8.4	3.448	9.6	4.671
MIDAS-ENPU	9.1	3.412	10.2	4.455
MIDAS-RU	8.6	3.282	9.8	4.453
MIDAS-FRU	8.8	3.273	10.0	4.356
MIDAS-TPU	8.3	3.322	9.6	4.519
MIDAS-SDCCU	9.0	3.346	10.3	4.429
MCF	8.8	3.465	10.0	4.645
MECF	8.9	3.449	10.1	4.610
TMCF	8.8	3.451	10.0	4.620
DMSPEC（0.9）	8.8	3.466	10.0	4.658
DMSPEC（1）	8.8	3.468	10.0	4.652
MIDAS-PCA	8.9	3.424	10.1	4.601
MIDAS-PLS	8.8	3.377	9.9	4.567
MIDAS-SPCA	8.9	3.391	10.0	4.530
LASSO-MIDAS	**9.2**	**3.745**	**10.3**	**5.107**
MRS-LASSO-MIDAS	**9.0**	**3.790**	**10.2**	**5.109**

注：加粗的数值对应所有模型中排行前二的对冲效果。

通过与表 7-7 的实证结果进行对比，发现 EUA 期货对原油市场的风险对冲效果优于工业和交通运输行业股市，这一现象可能与目前企业对 EUA 期货市场以及减排工作的认识和重视程度不足有关。同时，EUA 期货对 Brent 原油市场的风险对冲效果尤为显著。

这些发现表明，发展碳期货市场对于规避原油市场风险、促进能源消费结构的转型具有积极作用。然而，也应注意到，EUA 期货的地区属性较强，其在欧洲地区的风险对冲效果更为显著。因此，为了更好地实现全球"碳中和"目标，各地需要积极发展自己的碳交易市场，更有效地利用碳期货市场作为风险管理工具，以应对原油市场及其他相关市场的风险，并加速能源消费结构的改革。

7.4.3.3 对中国股票市场的风险对冲效果

近几十年来，我国经济的高速发展伴随着资源的大量消耗、化石能源大量消费以及污染物与碳排放的迅速增长。为应对随之而来的气候变化，我国先后发布了多项政策，采取产业转型升级、能源结构调整、技术创新等多方面措施。在此背景下，探索用 EUA 期货市场波动率的预测结果构建的风险对冲策略对中国股票市场的风险对冲效果也对国内碳交易市场的发展有着重要的借鉴意义。因此，本节以上证综指（SSEC）和上证工业指数（SSECI）为例，评估各个波动率预测模型产生的 EUA 期货市场波动率预测结果对中国股票市场的风险对冲效果。表7-9 给出了对中国股票市场的风险对冲比率和风险对冲效率，可以看到，用 LASSO-MIDAS 和 MRS-LASSO-MIDAS 模型的预测结果构建的对冲策略对中国股市的风险对冲效率总是排行前二。具体来说，对 SSEC、MRS-LASSO-MIDAS 和 LASSO-MIDAS 模型的波动率预测结果构建的对冲策略分别产生了 1.944% 和 2.118% 的风险对冲效率，明显高于其他模型产生的风险对冲效率。对 SSECI，MRS-LASSO-MIDAS 和 LASSO-MIDAS 模型的波动率预测结果构建的对冲策略分别产生了 2.021% 和 1.910% 的风险对冲效率，同样高于其他模型产生的风险对冲效率。主要实证发现与前文一致，也就是说，即使是在中国股票市场上，LASSO-MDIAS 和 MRS-LASSO-MIDAS 模型也仍然能够产生较好的风险对冲效果。不过，综合来看，EUA 期货对中国股票市场的风险对冲效果要弱于对欧美股市和对能源市场的风险对冲效果。

表 7-9 对中国股票市场的风险对冲比率和风险对冲效率

模 型	SSEC		SSECI	
	HR/%	HE/%	HR/%	HE/%
MIDAS-RV	2.8	1.687	3.6	1.683
MIDAS-EPU	2.9	1.801	3.7	1.714
MIDAS-MPU	2.9	1.640	3.8	1.638
MIDAS-FPU	3.0	1.830	3.7	1.738
MIDAS-TU	3.0	1.814	3.7	1.747
MIDAS-GSU	3.0	1.814	3.8	1.689
MIDAS-HCU	3.1	1.792	3.9	1.676
MIDAS-NSU	2.8	1.823	3.6	1.722
MIDAS-ENPU	3.0	1.804	3.8	1.641
MIDAS-RU	3.0	1.738	3.7	1.690

模　型	SSEC		SSECI	
	HR/%	HE/%	HR/%	HE/%
MIDAS-FRU	3.0	1.724	3.9	1.620
MIDAS-TPU	2.7	1.689	3.5	1.686
MIDAS-SDCCU	2.9	1.699	3.6	1.676
MCF	2.9	1.821	3.7	1.753
MECF	2.9	1.813	3.7	1.723
TMCF	2.9	1.815	3.7	1.744
DMSPEC（0.9）	2.9	1.821	3.7	1.754
DMSPEC（1）	2.9	1.823	3.7	1.756
MIDAS-PCA	2.9	1.812	3.7	1.724
MIDAS-PLS	3.0	1.806	3.7	1.739
MIDAS-SPCA	3.0	1.804	3.7	1.712
LASSO-MIDAS	**3.0**	**1.944**	**3.6**	**1.910**
MRS-LASSO-MIDAS	**2.9**	**2.118**	**3.7**	**2.021**

注：加粗的数值对应所有模型中排行前二的对冲效果。

参 考 文 献

［1］ Aatola P, Ollikainen M, Toppinen A. Price determination in the EU ETS market: Theory and econometric analysis with market fundamentals ［J］. Energy Economics, 2013, 36: 380-395.

［2］ Acheampong A O, Amponsah M, Boateng E. Does financial development mitigate carbon emissions? Evidence from heterogeneous financial economies ［J］. Energy Economics, 2020, 88: 104768.

［3］ Adekoya O B, Oliyide J A, Noman A. The volatility connectedness of the EU carbon market with commodity and financial markets in time-and frequency-domain: The role of the US economic policy uncertainty ［J］. Resources Policy, 2021, 74: 102252.

［4］ Agnolucci P. Volatility in crude oil futures: A comparison of the predictive ability of GARCH and implied volatility models ［J］. Energy Economics, 2009, 31(2): 316-321.

［5］ Akhtaruzzaman M, Boubaker S, Lucey B M, Sensoy A. Is gold a hedge or a safe-haven asset in the COVID-19 crisis? ［J］. Economic Modelling, 2021, 102: 105588.

［6］ Al Rababa'a A R, Alomari M, Mensi W, et al. Does tracking the infectious diseases impact the gold, oil and US dollar returns and correlation? A quantile regression approach ［J］. Resources Policy, 2021, 74: 102311.

［7］ Alberola E, Chevallier J, Chèze B. Price drivers and structural breaks in European carbon prices 2005—2007 ［J］. Energy Policy, 2008, 36(2): 787-797.

［8］ Alizadeh A H, Huang C Y, Marsh I W. Modelling the volatility of TOCOM energy futures: A regime switching realised volatility approach ［J］. Energy Economics, 2021, 93: 104434.

［9］ Al-Thaqeb S A, Algharabali B G. Economic policy uncertainty: A literature review ［J］. The Journal of Economic Asymmetries, 2019, 20: e00133.

［10］ Amendola A, Candila V, Gallo G M. On the asymmetric impact of macro-variables on volatility ［J］. Economic Modelling, 2019, 76: 135-152.

［11］ Andersen T G, Bollerslev T. Answering the skeptics: Yes, standard volatility models do provide accurate forecasts ［J］. International Economic Review, 1998: 885-905.

［12］ Andersen T G, Bollerslev T, Diebold F X, et al. Modeling and forecasting realized volatility ［J］. Econometrica, 2003, 71(2): 579-625.

［13］ Andersen T G, Bollerslev T, Diebold F X. Roughing it up: Including jump components in the measurement, modeling, and forecasting of return volatility ［J］. The Review of Economics and Statistics, 2007, 89(4): 701-720.

［14］ Ardia D, Bluteau K, Boudt K, et al. Forecasting risk with Markov-switching GARCH models: A large-scale performance study ［J］. International Journal of Forecasting, 2018, 34(4): 733-747.

［15］ Asai M, Chang C L, McAleer M. Realized matrix-exponential stochastic volatility with asymmetry, long memory and higher-moment spillovers ［J］. Journal of Econometrics, 2022, 227(1): 285-304.

［16］ Asai M, McAleer M, Medeiros M C. Asymmetry and long memory in volatility modeling ［J］.

Journal of Financial Econometrics, 2012, 10(3): 495-512.

[17] Asai M, McAleer M. The impact of jumps and leverage in forecasting covolatility [J]. Econometric Reviews, 2017, 36(6/7/8/9): 638-650.

[18] Asgharian H, Hou A J, Javed F. The importance of the macroeconomic variables in forecasting stock return variance: A GARCH-MIDAS approach [J]. Journal of Forecasting, 2013, 32(7): 600-612.

[19] Atsalakis G S. Using computational intelligence to forecast carbon prices [J]. Applied Soft Computing, 2016, 43: 107-116.

[20] Awad M, Khanna R. Support vector regression in Efficient Learning Machines [J]. Apress, Berkeley, CA, 2015: 67-80.

[21] Awartani B M A, Corradi V. Predicting the volatility of the S&P-500 stock index via GARCH models: the role of asymmetries [J]. International Journal of Forecasting, 2005, 21(1): 167-183.

[22] Azar J, Duro M, Kadach I, et al. The big three and corporate carbon emissions around the world [J]. Journal of Financial Economics, 2021, 142(2): 674-696.

[23] Baker S R, Bloom N, Davis S J. Measuring economic policy uncertainty [J]. The Quarterly Journal of Economics, 2016, 131(4): 1593-1636.

[24] Balcilar M, Gupta R, Wang S, et al. Oil price uncertainty and movements in the US government bond risk premia [J]. The North American Journal of Economics and Finance, 2020, 52: 101147.

[25] Barndorff-Nielsen O E, Shephard N. Econometrics of testing for jumps in financial economics using bipower variation [J]. Journal of Financial Econometrics, 2006, 4(1): 1-30.

[26] Barucci E, Renò R. On measuring volatility and the GARCH forecasting performance [J]. Journal of International Financial Markets, Institutions and Money, 2002, 12(3): 183-200.

[27] Batten J A, Maddox G E, Young M R. Does weather, or energy prices, affect carbon prices? [J]. Energy Economics, 2021, 96: 105016.

[28] Behmiri N B, Manera M. The role of outliers and oil price shocks on volatility of metal prices [J]. Resources Policy, 2015, 46: 139-150.

[29] Bekaert G, Hoerova M. The VIX, the variance premium and stock market volatility [J]. Journal of Econometrics, 2014, 183(2): 181-192.

[30] Ben Khelifa S, Guesmi K, Urom C. Exploring the relationship between cryptocurrencies and hedge funds during COVID-19 crisis [J]. International Review of Financial Analysis, 2021, 76: 101777.

[31] BenSaïda A. Good and bad volatility spillovers: An asymmetric connectedness [J]. Journal of Financial Markets, 2019, 43: 78-95.

[32] Benz E, Trück S. Modeling the price dynamics of CO_2 emission allowances [J]. Energy Economics, 2009, 31(1): 4-15.

[33] Bishop C M, Nasrabadi N M. Pattern recognition and machine learning [M]. New York: Springer, 2006.

[34] Bollerslev T, Hood B, Huss J, et al. Risk everywhere: Modeling and managing volatility [J]. The Review of Financial Studies, 2018, 31(7): 2729-2773.

[35] Bollerslev T. Generalized autoregressive conditional heteroskedasticity [J]. Journal of Econometrics, 1986, 31(3): 307-327.

[36] Bolton P, Kacperczyk M. Do investors care about carbon risk? [J]. Journal of Financial Economics, 2021, 142(2): 517-549.

[37] Bonato M, Gkillas K, Gupta R, et al. A note on investor happiness and the predictability of realized volatility of gold [J]. Finance Research Letters, 2021, 39: 101614.

[38] Borup D, Jakobsen J S. Capturing volatility persistence: a dynamically complete realized EGARCH-MIDAS model [J]. Quantitative Finance, 2019, 19(11): 1839-1855.

[39] Brink C, Vollebergh H R J, van der Werf E. Carbon pricing in the EU: Evaluation of different EU ETS reform options [J]. Energy Policy, 2016, 97: 603-617.

[40] Brooks C, Persand G. Volatility forecasting for risk management [J]. Journal of Forecasting, 2003, 22(1): 1-22.

[41] Buncic D, Gisler K I M. The role of jumps and leverage in forecasting volatility in international equity markets [J]. Journal of International Money and Finance, 2017, 79: 1-19.

[42] Byun S J, Cho H. Forecasting carbon futures volatility using GARCH models with energy volatilities [J]. Energy Economics, 2013, 40: 207-221.

[43] Cai W, Chen J, Hong J, et al. Forecasting Chinese Stock Market Volatility with Economic Variables [J]. Emerging Markets Finance and Trade, 2017, 53(3): 521-533.

[44] Campbell J Y, Thompson S B. Predicting excess stock returns out of sample: Can anything beat the HSItorical average? [J]. Review of Financial Studies, 2008, 21(4): 1509-1531.

[45] Carnero M A, Peña D, Ruiz E. Estimating GARCH volatility in the presence of outliers [J]. Economics Letters, 2012, 114(1): 86-90.

[46] Çelik İ, Sak A F, Höl A Ö, et al. The dynamic connectedness and hedging opportunities of implied and realized volatility: Evidence from clean energy ETFs [J]. The North American Journal of Economics and Finance, 2022, 60: 101670.

[47] Çelik S, Ergin H. Volatility forecasting using high frequency data: Evidence from stock markets [J]. Economic Modelling, 2014, 36: 176-190.

[48] Chang C L, McAleer M, Tansuchat R. Analyzing and forecasting volatility spillovers, asymmetries and hedging in major oil markets [J]. Energy Economics, 2010, 32 (6): 1445-1455.

[49] Chang C L, McAleer M. The fiction of full BEKK: Pricing fossil fuels and carbon emissions [J]. Finance Research Letters, 2019, 28: 11-19.

[50] Charles A. The day-of-the-week effects on the volatility: The role of the asymmetry [J]. European Journal of Operational Research, 2010, 202(1): 143-152.

[51] Chaudhry S M, Ahmed R, Shafiullah M, et al. The impact of carbon emissions on country risk: Evidence from the G7 economies [J]. Journal of Environmental Management, 2020, 265: 110533.

[52] Chen J, Jiang F, Li H, et al. Chinese stock market volatility and the role of U. S. economic variables [J]. Pacific-Basin Finance Journal, 2016, 39: 70-83.

[53] Chen J, Jiang F, Tong G. Economic policy uncertainty in China and stock market expected returns [J]. Accounting & Finance, 2017, 57(5): 1265-1286.

[54] Chen W, Ma F, Wei Y, et al. Forecasting oil price volatility using high-frequency data: New evidence [J]. International Review of Economics & Finance, 2020, 66: 1-12.

[55] Chen Z, Ye Y, Li X. Forecasting China's crude oil futures volatility: New evidence from the MIDAS-RV model and COVID-19 pandemic [J]. Resources Policy, 2022, 75: 102453.

[56] Cheng M, Swanson N R, Yang X. Forecasting volatility using double shrinkage methods [J]. Journal of Empirical Finance, 2021, 62: 46-61.

[57] Chevallier J. Carbon futures and macroeconomic risk factors: A view from the EU ETS [J]. Energy Economics, 2009, 31(4): 614-625.

[58] Chevallier J. Volatility forecasting of carbon prices using factor models [J]. Economics Bulletin, 2010, 30(2): 1642-1660.

[59] Chevallier J. A model of carbon price interactions with macroeconomic and energy dynamics [J]. Energy Economics, 2011, 33(6): 1295-1312.

[60] Chevallier J. Detecting instability in the volatility of carbon prices [J]. Energy Economics, 2011, 33(1): 99-110.

[61] Chevallier J. Macroeconomics, finance, commodities: Interactions with carbon markets in a data-rich model [J]. Economic Modelling, 2011, 28(1/2): 557-567.

[62] Chevallier J. Nonparametric modeling of carbon prices [J]. Energy Economics, 2011, 33(6): 1267-1282.

[63] Chevallier J. Understanding the link between aggregated industrial production and the carbon price [M]//Green Energy and Efficiency. Springer, Cham, 2015: 111-132.

[64] Chevallier J, Sévi B. On the realized volatility of the ECX CO$_2$ emissions 2008 futures contract: distribution, dynamics and forecasting [J]. Annals of Finance, 2011, 7(1): 1-29.

[65] Chevallier J, Sévi B. On the stochastic properties of carbon futures prices [J]. Environmental and Resource Economics, 2014, 58(1): 127-153.

[66] Chkili W, Hammoudeh S, Nguyen D K. Volatility forecasting and risk management for commodity markets in the presence of asymmetry and long memory [J]. Energy Economics, 2014, 41: 1-18.

[67] Chkili W. Dynamic correlations and hedging effectiveness between gold and stock markets: Evidence for BRICS countries [J]. Research in International Business and Finance, 2016, 38: 22-34.

[68] Choi S Y. Industry volatility and economic uncertainty due to the COVID-19 pandemic: Evidence from wavelet coherence analysis [J]. Finance Research Letters, 2020, 37: 101783.

[69] Chorro C, Guégan D, Ielpo F. Option pricing for GARCH-type models with generalized hyperbolic innovations [J]. Quantitative Finance, 2012, 12(7): 1079-1094.

[70] Christiansen A C, Arvanitakis A, Tangen K, et al. Price determinants in the EU emissions

trading scheme [J]. Climate Policy, 2005, 5(1): 15-30.

[71] Christiansen C, Schmeling M, Schrimpf A. A comprehensive look at financial volatility prediction by economic variables [J]. Journal of Applied Econometrics, 2012, 27 (6): 956-977.

[72] Chung C Y, Jeong M, Young J. The Price Determinants of the EU Allowance in the EU Emissions Trading Scheme [J]. Sustainability, 2018, 10(11): 4009.

[73] Clark T E, West K D. Approximately normal tests for equal predictive accuracy in nested models [J]. Journal of Econometrics, 2007, 138(1): 291-311.

[74] Corbet S, Goodell J W, Günay S. Co-movements and spillovers of oil and renewable firms under extreme conditions: New evidence from negative WTI prices during COVID-19 [J]. Energy Economics, 2020, 92: 104978.

[75] Corsi F, Pirino D, Renò R. Threshold bipower variation and the impact of jumps on volatility forecasting [J]. Journal of Econometrics, 2010, 159(2): 276-288.

[76] Corsi F. A simple approximate long-memory model of realized volatility [J]. Journal of Financial Econometrics, 2009, 7(2): 174-196.

[77] Creti A, Jouvet P A, Mignon V. Carbon price drivers: Phase I versus Phase II equilibrium? [J]. Energy Economics, 2012, 34(1): 327-334.

[78] D'Ecclesia R L, Clementi D. Volatility in the stock market: ANN versus parametric models [J]. Annals of Operations Research, 2021, 299(1): 1101-1127.

[79] da Silva P P, Moreno B, Figueiredo N C. Firm-specific impacts of CO_2 prices on the stock market value of the Spanish power industry [J]. Energy Policy, 2016, 94: 492-501.

[80] Dai P F, Xiong X, Huynh T L D, et al. The impact of economic policy uncertainties on the volatility of European carbon market [J]. Journal of Commodity Markets, 2022, 26: 100208.

[81] Dean W G, Faff R W, Loudon G F. Asymmetry in return and volatility spillover between equity and bond markets in Australia [J]. Pacific-Basin Finance Journal, 2010, 18(3): 272-289.

[82] Deeney P, Cummins M, Dowling M, Smeaton A F. Influences from the European Parliament on EU emissions prices [J]. Energy Policy, 2016, 88: 561-572.

[83] Degiannakis S, Filis G. Forecasting oil price realized volatility using information channels from other asset classes [J]. Journal of International Money and Finance, 2017, 76: 28-49.

[84] Degiannakis S. Volatility forecasting: evidence from a fractional integrated asymmetric power ARCH skewed-t model [J]. Applied Financial Economics, 2004, 14(18): 1333-1342.

[85] Demirer R, Gupta R, Pierdzioch C, et al. The predictive power of oil price shocks on realized volatility of oil: A note [J]. Resources Policy, 2020, 69: 101856.

[86] Dhamija A K, Yadav S S, Jain P K. Forecasting volatility of carbon under EU ETS: a multi-phase study [J]. Environmental Economics and Policy Studies, 2017, 19(2): 299-335.

[87] Dhamija A K, Yadav S S, Jain P K. Volatility spillover of energy markets into EUA markets under EU ETS: a multi-phase study [J]. Environmental Economics and Policy Studies, 2018, 20(3): 561-591.

[88] Di Clemente A. Hedge accounting and risk management: An advanced prospective model for

testing hedge effectiveness [J]. Economic Notes, 2015, 44(1): 29-55.

[89] Diebold F X, Lopez J A. 8 Forecast evaluation and combination [J]. Handbook of Statistics, 1996, 14: 241-268.

[90] Diebold F X, Mariano R S. Comparing predictive accuracy [J]. Journal of Business & Economic Statistics, 2002, 20(1): 134-144.

[91] Diebold F X, Shin M. Machine learning for regularized survey forecast combination: Partially-egalitarian LASSO and its derivatives [J]. International Journal of Forecasting, 2019, 35(4): 1679-1691.

[92] Ding Y, Kambouroudis D, McMillan D G. Forecasting realised volatility: Does the LASSO approach outperform HAR? [J]. Journal of International Financial Markets, Institutions and Money, 2021, 74: 101386.

[93] Donaldson R G, Kamstra M. An artificial neural network-GARCH model for international stock return volatility [J]. Journal of Empirical Finance, 1997, 4(1): 17-46.

[94] Dou Y, Li Y, Dong K, et al. Dynamic linkages between economic policy uncertainty and the carbon futures market: Does Covid-19 pandemic matter? [J]. Resources Policy, 2022, 75: 102455.

[95] Duong D, Swanson N R. Empirical evidence on the importance of aggregation, asymmetry, and jumps for volatility prediction [J]. Journal of Econometrics, 2015, 187(2): 606-621.

[96] Dutta A, Bouri E, Noor M H. Climate bond, stock, gold, and oil markets: Dynamic correlations and hedging analyses during the COVID-19 outbreak [J]. Resources Policy, 2021, 74: 102265.

[97] Dutta A, Bouri E, Noor M H. Return and volatility linkages between CO_2 emission and clean energy stock prices [J]. Energy, 2018, 164: 803-810.

[98] Dutta A. Modeling and forecasting the volatility of carbon emission market: The role of outliers, time-varying jumps and oil price risk [J]. Journal of Cleaner Production, 2018, 172: 2773-2781.

[99] Dutta A. Oil price uncertainty and clean energy stock returns: New evidence from crude oil volatility index [J]. Journal of Cleaner Production, 2017, 164: 1157-1166.

[100] Dyhrberg A H. Bitcoin, gold and the dollar-A GARCH volatility analysis [J]. Finance Research Letters, 2016, 16: 85-92.

[101] Dzieliński M, Rieger M O, Talpsepp T. Asymmetric attention and volatility asymmetry [J]. Journal of Empirical Finance, 2018, 45: 59-67.

[102] Efimova O, Serletis A. Energy markets volatility modelling using GARCH [J]. Energy Economics, 2014, 43: 264-273.

[103] El Mehdi I K, Mghaieth A. Volatility spillover and hedging strategies between Islamic and conventional stocks in the presence of asymmetry and long memory [J]. Research in International Business and Finance, 2017, 39: 595-611.

[104] Engle R F, Ghysels E, Sohn B. Stock market volatility and macroeconomic fundamentals [J]. The Review of Economics and Statistics, 2013, 95(3): 776-797.

[105] Engle R F, Ng V K. Measuring and testing the impact of news on volatility [J]. The Journal of Finance, 1993, 48(5): 1749-1778.

[106] Engle R F, Rangel J G. The spline-GARCH model for low-frequency volatility and its global macroeconomic causes [J]. The Review of Financial Studies, 2008, 21(3): 1187-1222.

[107] Fakhfekh M, Jeribi A, Ben Salem M. Volatility dynamics of the Tunisian stock market before and during the COVID-19 outbreak: Evidence from the GARCH family models [J]. International Journal of Finance & Economics, 2023, 28(2): 1653-1666.

[108] Fan Y, Jia J J, Wang X, et al. What policy adjustments in the EU ETS truly affected the carbon prices? [J]. Energy Policy, 2017, 103: 145-164.

[109] Fang L, Chen B, Yu H, et al. The importance of global economic policy uncertainty in predicting gold futures market volatility: A GARCH-MIDAS approach [J]. Journal of Futures Markets, 2018, 38(3): 413-422.

[110] Fang T, Lee T H, Su Z. Predicting the long-term stock market volatility: A GARCH-MIDAS model with variable selection [J]. Journal of Empirical Finance, 2020, 58: 36-49.

[111] Feng Z H, Zou L L, Wei Y M. Carbon price volatility: Evidence from EU ETS [J]. Applied Energy, 2011, 88(3): 590-598.

[112] Fleming J, Kirby C, Ostdiek B. The economic value of volatility timing using "realized" volatility [J]. Journal of Financial Economics, 2003, 67(3): 473-509.

[113] Foroni C, Marcellino M, Stevanovic D. Forecasting the COVID-19 recession and recovery: Lessons from the financial crisis [J]. International Journal of Forecasting, 2022, 38(2): 596-612.

[114] Franses P H, Ghijsels H. Additive outliers, GARCH and forecasting volatility [J]. International Journal of Forecasting, 1999, 15(1): 1-9.

[115] Franses P H, Van Dijk D. Forecasting stock market volatility using (non-linear) Garch models [J]. Journal of Forecasting, 1996, 15(3): 229-235.

[116] Ftiti Z, Louhichi W, Ben Ameur H. Cryptocurrency volatility forecasting: What can we learn from the first wave of the COVID-19 outbreak? [J]. Annals of Operations Research, 2021: 1-26.

[117] Ghoddusi H, Creamer G G, Rafizadeh N. Machine learning in energy economics and finance: A review [J]. Energy Economics, 2019, 81: 709-727.

[118] Ghysels E, Santa-Clara P, Valkanov R. Predicting volatility: getting the most out of return data sampled at different frequencies [J]. Journal of Econometrics, 2006, 131(1/2): 59-95.

[119] Girardin E, Joyeux R. Macro fundamentals as a source of stock market volatility in China: A GARCH-MIDAS approach [J]. Economic Modelling, 2013, 34: 59-68.

[120] Gkillas K, Gupta R, Pierdzioch C. Forecasting realized gold volatility: Is there a role of geopolitical risks? [J]. Finance Research Letters, 2020, 35: 101280.

[121] Glosten L R, Jagannathan R, Runkle D E. On the relation between the expected value and the volatility of the nominal excess return on stocks [J]. The Journal of Finance, 1993, 48(5): 1779-1801.

[122] Gong X, Lin B. The incremental information content of investor fear gauge for volatility forecasting in the crude oil futures market [J]. Energy Economics, 2018, 74: 370-386.

[123] Gong X, Liu Y, Wang X. Dynamic volatility spillovers across oil and natural gas futures markets based on a time-varying spillover method [J]. International Review of Financial Analysis, 2021, 76: 101790.

[124] Goyal A, Welch I, Zafirov A. A Comprehensive Look at the Empirical Performance of Equity Premium Prediction II [R]. Swiss Finance Institute, 2021.

[125] Graham J R, Harvey C R. Market timing ability and volatility implied in investment newsletters' asset allocation recommendations [J]. Journal of Financial Economics, 1996, 42 (3): 397-421.

[126] Habiba U, Xinbang C, Ahmad R I. The influence of stock market and financial institution development on carbon emissions with the importance of renewable energy consumption and foreign direct investment in G20 countries [J]. Environmental Science and Pollution Research, 2021, 28(47): 67677-67688.

[127] Hammoudeh S, Mokni K, Ben-Salha O, et al. Distributional predictability between oil prices and renewable energy stocks: Is there a role for the COVID-19 pandemic? [J]. Energy Economics, 2021, 103: 105512.

[128] Han Y. Asset allocation with a high dimensional latent factor stochastic volatility model [J]. The Review of Financial Studies, 2006, 19(1): 237-271.

[129] Hanif W, Hernandez J A, Mensi W, et al. Nonlinear dependence and connectedness between clean/renewable energy sector equity and European emission allowance prices [J]. Energy Economics, 2021, 101: 105409.

[130] Hansen P R, Lunde A, Nason J M. The model confidence set [J]. Econometrica, 2011, 79 (2): 453-497.

[131] Hasan M B, Hassan M K, Karim Z A, et al. Exploring the hedge and safe haven properties of cryptocurrency in policy uncertainty [J]. Finance Research Letters, 2022, 46: 102272.

[132] Hassan S A, Malik F. Multivariate GARCH modeling of sector volatility transmission [J]. The Quarterly Review of Economics and Finance, 2007, 47(3): 470-480.

[133] Hastie T, Tibshirani R, Friedman J H, et al. The elements of statistical learning: data mining, inference, and prediction [M]. New York: Springer, 2009.

[134] He M, Zhang Y, Wen D, et al. Forecasting crude oil prices: A scaled PCA approach [J]. Energy Economics, 2021, 97: 105189.

[135] Henry O. Modelling the asymmetry of stock market volatility [J]. Applied Financial Economics, 1998, 8(2): 145-153.

[136] Herrera R, Rodriguez A, Pino G. Modeling and forecasting extreme commodity prices: A Markov-Switching based extreme value model [J]. Energy Economics, 2017, 63: 129-143.

[137] Horpestad J B, Lyócsa Š, Molnár P, et al. Asymmetric volatility in equity markets around the world [J]. The North American Journal of Economics and Finance, 2019, 48: 540-554.

[138] Hou A J. Asymmetry effects of shocks in Chinese stock markets volatility: A generalized

additive nonparametric approach [J]. Journal of International Financial Markets, Institutions and Money, 2013, 23: 12-32.

[139] Hou A, Suardi S. A nonparametric GARCH model of crude oil price return volatility [J]. Energy Economics, 2012, 34(2): 618-626.

[140] Hu J W S, Hu Y C, Chien J. Elucidating the relationship among EUA spot price, brent oil price and three European stock indices [J]. Universal Journal of Accounting and Finance, 2016, 4(2): 53-72.

[141] Huang D, Jiang F, Li K, et al. Scaled PCA: A new approach to dimension reduction [J]. Management Science, 2022, 68(3): 1678-1695.

[142] Huang D, Jiang F, Tu J, et al. Investor sentiment aligned: A powerful predictor of stock returns [J]. The Review of Financial Studies, 2015, 28(3): 791-837.

[143] Huang Y, Luk P. Measuring economic policy uncertainty in China [J]. China Economic Review, 2020, 59: 101367.

[144] Hung J C, Liu H C, Yang J J. Improving the realized GARCH's volatility forecast for Bitcoin with jump-robust estimators [J]. The North American Journal of Economics and Finance, 2020, 52: 101165.

[145] Iyke B N. Economic policy uncertainty in times of COVID-19 pandemic [J]. Asian Economics Letters, 2020, 1(2): 17665.

[146] Javaheri A, Wilmott P, Haug E G. GARCH and volatility swaps [J]. Quantitative Finance, 2004, 4(5): 589-595.

[147] Jebabli I, Kouaissah N, Arouri M. Volatility spillovers between stock and energy markets during crises: A comparative assessment between the 2008 global financial crisis and the COVID-19 pandemic crisis [J]. Finance Research Letters, 2022, 46: 102363.

[148] Ji C J, Hu Y J, Tang B J. Research on carbon market price mechanism and influencing factors: a literature review [J]. Natural Hazards, 2018, 92(2): 761-782.

[149] Ji Q, Guo J F. Oil price volatility and oil-related events: An Internet concern study perspective [J]. Applied Energy, 2015, 137: 256-264.

[150] Ji Q, Guo J F. Market interdependence among commodity prices based on information transmission on the Internet [J]. Physica A: Statistical Mechanics and its Applications, 2015, 426: 35-44.

[151] Jiang C, Li Y, Xu Q, et al. Measuring risk spillovers from multiple developed stock markets to China: A vine-copula-GARCH-MIDAS model [J]. International Review of Economics & Finance, 2021, 75: 386-398.

[152] Jiang Q, Ma X. Risk transmission between old and new energy markets from a multi-scale perspective: the role of the EU emissions trading system [J]. Applied Economics, 2022, 54 (26): 2949-2968.

[153] Jiang W, Chen Y. The time-frequency connectedness among metal, energy and carbon markets pre and during COVID-19 outbreak [J]. Resources Policy, 2022, 77: 102763.

[154] Jiménez-Rodríguez R. What happens to the relationship between EU allowances prices and

stock market indices in Europe? [J]. Energy Economics, 2019, 81: 13-24.

[155] Kanamura T. Role of carbon swap trading and energy prices in price correlations and volatilities between carbon markets [J]. Energy Economics, 2016, 54: 204-212.

[156] Kelly B, Pruitt S. The three-pass regression filter: A new approach to forecasting using many predictors [J]. Journal of Econometrics, 2015, 186(2): 294-316.

[157] Khalfaoui R, Sarwar S, Tiwari A K. Analysing volatility spillover between the oil market and the stock market in oil-importing and oil-exporting countries: Implications on portfolio management [J]. Resources Policy, 2019, 62: 22-32.

[158] Kim J M, Kim D H, Jung H. Estimating yield spreads volatility using GARCH-type models [J]. The North American Journal of Economics and Finance, 2021, 57: 101396.

[159] Klein T, Walther T. Oil price volatility forecast with mixture memory GARCH [J]. Energy Economics, 2016, 58: 46-58.

[160] Koch N, Fuss S, Grosjean G, et al. Causes of the EU ETS price drop: Recession, CDM, renewable policies or a bit of everything? New evidence [J]. Energy Policy, 2014, 73: 676-685.

[161] Koch N. Tail events: A new approach to understanding extreme energy commodity prices [J]. Energy Economics, 2014, 43: 195-205.

[162] Koop G, Korobilis D. A new index of financial conditions [J]. European Economic Review, 2014, 71: 101-116.

[163] Koop G, Tole L. Forecasting the European carbon market [J]. Journal of the Royal Statistical Society: Series A (Statistics in Society), 2013, 176(3): 723-741.

[164] Koopman S J, Jungbacker B, Hol E. Forecasting daily variability of the S&P 100 stock index using historical, realised and implied volatility measurements [J]. Journal of Empirical Finance, 2005, 12(3): 445-475.

[165] Kroner K F, Lastrapes W D. The impact of exchange rate volatility on international trade: Reduced form estimates using the GARCH-in-mean model [J]. Journal of International Money and Finance, 1993, 12(3): 298-318.

[166] Kumar D, Maheswaran S. A new approach to model and forecast volatility based on extreme value of asset prices [J]. International Review of Economics & Finance, 2014, 33: 128-140.

[167] Kumar S, Managi S, Matsuda A. Stock prices of clean energy firms, oil and carbon markets: A vector autoregressive analysis [J]. Energy Economics, 2012, 34(1): 215-226.

[168] Landis F, Fredriksson G, Rausch S. Between-and within-country distributional impacts from harmonizing carbon prices in the EU [J]. Energy Economics, 2021, 103: 105585.

[169] Lehar A, Scheicher M, Schittenkopf C. GARCH vs. stochastic volatility: Option pricing and risk management [J]. Journal of banking & finance, 2002, 26(2/3): 323-345.

[170] Li J, Chen W. Forecasting macroeconomic time series: LASSO-based approaches and their forecast combinations with dynamic factor models [J]. International Journal of Forecasting, 2014, 30(4): 996-1015.

[171] Li X, Liang C, Chen Z, et al. Forecasting crude oil volatility with uncertainty indicators: New

evidence [J]. Energy Economics, 2022, 108: 105936.

[172] Li X, Liang C, Ma F. Forecasting stock market volatility with a large number of predictors: New evidence from the MS-MIDAS-LASSO model [J]. Annals of Operations Research, 2022: 1-40.

[173] Li X, Li D, Zhang X, et al. Forecasting regular and extreme gold price volatility: The roles of asymmetry, extreme event, and jump [J]. Journal of Forecasting, 2021, 40(8): 1501-1523.

[174] Li X, Li Z, Su C W, et al. Exploring the asymmetric impact of economic policy uncertainty on China's carbon emissions trading market price: Do different types of uncertainty matter? [J]. Technological Forecasting and Social Change, 2022, 178: 121601.

[175] Li X, Wei Y, Chen X, et al. Which uncertainty is powerful to forecast crude oil market volatility? New evidence [J]. International Journal of Finance & Economics, 2022, 27(4): 4279-4297.

[176] Li X, Wei Y. The dependence and risk spillover between crude oil market and China stock market: New evidence from a variational mode decomposition-based copula method [J]. Energy Economics, 2018, 74: 565-581.

[177] Li Y, Ma F, Zhang Y, et al. Economic policy uncertainty and the Chinese stock market volatility: new evidence [J]. Applied Economics, 2019, 51(49): 5398-5410.

[178] Liang C, Li Y, Ma F, et al. Global equity market volatilities forecasting: a comparison of leverage effects, jumps, and overnight information [J]. International Review of Financial Analysis, 2021, 75: 101750.

[179] Liang C, Wei Y, Lei L, et al. Global equity market volatility forecasting: New evidence [J]. International Journal of Finance & Economics, 2022, 27(1): 594-609.

[180] Liang C, Wei Y, Li X, et al. Uncertainty and crude oil market volatility: new evidence [J]. Applied Economics, 2020, 52(27): 2945-2959.

[181] Liang C, Wei Y, Zhang Y. Is implied volatility more informative for forecasting realized volatility: An international perspective [J]. Journal of Forecasting, 2020, 39 (8): 1253-1276.

[182] Lin E M H, Chen C W S, Gerlach R. Forecasting volatility with asymmetric smooth transition dynamic range models [J]. International Journal of Forecasting, 2012, 28(2): 384-399.

[183] Liu H H, Chen Y C. A study on the volatility spillovers, long memory effects and interactions between carbon and energy markets: The impacts of extreme weather [J]. Economic Modelling, 2013, 35: 840-855.

[184] Liu J, Zhang Z, Yan L, et al. Forecasting the volatility of EUA futures with economic policy uncertainty using the GARCH-MIDAS model [J]. Financial Innovation, 2021, 7(1): 1-19.

[185] Liu L, Pan Z. Forecasting stock market volatility: The role of technical variables [J]. Economic Modelling, 2020, 84: 55-65.

[186] Liu L, Zhang T. Economic policy uncertainty and stock market volatility [J]. Finance Research Letters, 2015, 15: 99-105.

[187] Liu M, Lee C C. Is gold a long-run hedge, diversifier, or safe haven for oil? Empirical

evidence based on DCC-MIDAS [J]. Resources Policy, 2022, 76: 102703.

[188] Liu Q, Wong I, An Y, et al. Asymmetric information and volatility forecasting in commodity futures markets [J]. Pacific-Basin Finance Journal, 2014, 26: 79-97.

[189] Liu W H. Optimal hedge ratio estimation and hedge effectiveness with multivariate skew distributions [J]. Applied Economics, 2014, 46(12): 1420-1435.

[190] Liu Y, Goodrick S, Heilman W. Wildland fire emissions, carbon, and climate: Wildfire-climate interactions [J]. Forest Ecology and Management, 2014, 317: 80-96.

[191] Ljung G M, Box G E P. On a measure of lack of fit in time series models [J]. Biometrika, 1978, 65(2): 297-303.

[192] Lu B, Ma F, Wang J, et al. Harnessing the decomposed realized measures for volatility forecasting: Evidence from the US stock market [J]. International Review of Economics & Finance, 2021, 72: 672-689.

[193] Lu X, Ma F, Wang J, et al. Examining the predictive information of CBOE OVX on China's oil futures volatility: Evidence from MS-MIDAS models [J]. Energy, 2020, 212: 118743.

[194] Lundberg S M, Lee S I. A unified approach to interpreting model predictions [J]. Advances in Neural Information Processing Systems, 2017, 30.

[195] Luo J, Chen L. Realized volatility forecast with the Bayesian random compressed multivariate HAR model [J]. International Journal of Forecasting, 2020, 36(3): 781-799.

[196] Lutz B J, Pigorsch U, Rotfuß W. Nonlinearity in cap-and-trade systems: The EUA price and its fundamentals [J]. Energy Economics, 2013, 40: 222-232.

[197] Lyócsa Š, Molnár P, Vyrost T. Stock market volatility forecasting: Do we need high-frequency data? [J]. International Journal of Forecasting, 2021, 37(3): 1092-1110.

[198] Ma F, Li Y, Liu L, et al. Are low-frequency data really uninformative? A forecasting combination perspective [J]. The North American Journal of Economics and Finance, 2018, 44: 92-108.

[199] Ma F, Liang C, Ma Y, et al. Cryptocurrency volatility forecasting: A Markov regime-switching MIDAS approach [J]. Journal of Forecasting, 2020, 39(8): 1277-1290.

[200] Ma F, Liang C, Zeng Q, et al. Jumps and oil futures volatility forecasting: a new insight [J]. Quantitative Finance, 2021, 21(5): 853-863.

[201] Ma F, Liao Y, Zhang Y, et al. Harnessing jump component for crude oil volatility forecasting in the presence of extreme shocks [J]. Journal of Empirical Finance, 2019, 52: 40-55.

[202] Ma F, Liu J, Wahab M I M, et al. Forecasting the aggregate oil price volatility in a data-rich environment [J]. Economic Modelling, 2018, 72: 320-332.

[203] Ma F, Lu X, Wang L, et al. Global economic policy uncertainty and gold futures market volatility: Evidence from Markov regime-switching GARCH-MIDAS models [J]. Journal of Forecasting, 2021, 40(6): 1070-1085.

[204] Ma F, Wahab M I M, Huang D, et al. Forecasting the realized volatility of the oil futures market: A regime switching approach [J]. Energy Economics, 2017, 67: 136-145.

[205] Ma F, Wahab M I M, Liu J, et al. Is economic policy uncertainty important to forecast the

realized volatility of crude oil futures? [J]. Applied Economics, 2018, 50(18): 2087-2101.

[206] Ma F, Wahab M I M, Zhang Y. Forecasting the US stock volatility: An aligned jump index from G7 stock markets [J]. Pacific-Basin Finance Journal, 2019, 54: 132-146.

[207] Ma F, Wei Y, Liu L, et al. Forecasting realized volatility of oil futures market: A new insight [J]. Journal of Forecasting, 2018, 37(4): 419-436.

[208] Ma F, Zhang Y, Huang D, et al. Forecasting oil futures price volatility: New evidence from realized range-based volatility [J]. Energy Economics, 2018, 75: 400-409.

[209] Maki D, Ota Y. Impacts of asymmetry on forecasting realized volatility in Japanese stock markets [J]. Economic Modelling, 2021, 101: 105533.

[210] Mansanet-Bataller M, Chevallier J, Hervé-Mignucci M, et al. EUA and sCER phase II price drivers: Unveiling the reasons for the existence of the EUA-sCER spread [J]. Energy Policy, 2011, 39(3): 1056-1069.

[211] Mansanet-Bataller M, Pardo A, Valor E. CO_2 prices, energy and weather [J]. The Energy Journal, 2007, 28(3): 73-92.

[212] Marchese M, Kyriakou I, Tamvakis M, et al. Forecasting crude oil and refined products volatilities and correlations: New evidence from fractionally integrated multivariate GARCH models [J]. Energy Economics, 2020, 88: 104757.

[213] Marfatia H A, Ji Q, Luo J. Forecasting the volatility of agricultural commodity futures: The role of co-volatility and oil volatility [J]. Journal of Forecasting, 2022, 41(2): 383-404.

[214] Martens M, Van Dijk D, De Pooter M. Forecasting S&P 500 volatility: Long memory, level shifts, leverage effects, day-of-the-week seasonality, and macroeconomic announcements [J]. International Journal of Forecasting, 2009, 25(2): 282-303.

[215] Mazza P, Petitjean M. How integrated is the European carbon derivatives market? [J]. Finance Research Letters, 2015, 15: 18-30.

[216] McAleer M, Chan F. Modelling trends and volatility in atmospheric carbon dioxide concentrations [J]. Environmental Modelling & Software, 2006, 21(9): 1273-1279.

[217] McAlinn K, Ushio A, Nakatsuma T. Volatility forecasts using stochastic volatility models with nonlinear leverage effects [J]. Journal of Forecasting, 2020, 39(2): 143-154.

[218] McKenzie M. The economics of exchange rate volatility asymmetry [J]. International Journal of Finance & Economics, 2002, 7(3): 247-260.

[219] Mei D, Ma F, Liao Y, et al. Geopolitical risk uncertainty and oil future volatility: Evidence from MIDAS models [J]. Energy Economics, 2020, 86: 104624.

[220] Mensi W, Hammoudeh S, Al-Jarrah I M W, et al. Dynamic risk spillovers between gold, oil prices and conventional, sustainability and Islamic equity aggregates and sectors with portfolio implications [J]. Energy Economics, 2017, 67: 454-475.

[221] Mohsin M, Taghizadeh-Hesary F, Panthamit N, et al. Developing low carbon finance index: evidence from developed and developing economies [J]. Finance Research Letters, 2021, 43: 101520.

[222] Moreno B, da Silva P P. How do Spanish polluting sectors' stock market returns react to

European Union allowances prices? A panel data approach [J]. Energy, 2016, 103: 240-250.

[223] Naeem M A, Peng Z, Suleman M T, et al. Time and frequency connectedness among oil shocks, electricity and clean energy markets [J]. Energy Economics, 2020, 91: 104914.

[224] Neely C J, Rapach D E, Tu J, et al. Forecasting the equity risk premium: the role of technical indicators [J]. Management Science, 2014, 60(7): 1772-1791.

[225] Nonejad N. A comprehensive empirical analysis of the predictive impact of the price of crude oil on aggregate equity return volatility [J]. Journal of Commodity Markets, 2020, 20: 100121.

[226] Nonejad N. An interesting finding about the ability of geopolitical risk to forecast aggregate equity return volatility out-of-sample [J]. Finance Research Letters, 2022: 102710.

[227] Nonejad N. Forecasting aggregate equity return volatility using crude oil price volatility: The role of nonlinearities and asymmetries [J]. The North American Journal of Economics and Finance, 2019, 50: 101022.

[228] Nonejad N. Forecasting aggregate stock market volatility using financial and macroeconomic predictors: Which models forecast best, when and why? [J]. Journal of Empirical Finance, 2017, 42: 131-154.

[229] Nonejad N. Forecasting crude oil price volatility out-of-sample using news-based geopolitical risk index: What forms of nonlinearity help improve forecast accuracy the most? [J]. Finance Research Letters, 2022, 46: 102310.

[230] Notz D, Stroeve J. Observed Arctic sea-ice loss directly follows anthropogenic CO_2 emission [J]. Science, 2016, 354(6313): 747-750.

[231] Oestreich A M, Tsiakas I. Carbon emissions and stock returns: Evidence from the EU Emissions Trading Scheme [J]. Journal of Banking & Finance, 2015, 58: 294-308.

[232] Painter M. An inconvenient cost: The effects of climate change on municipal bonds [J]. Journal of Financial Economics, 2020, 135(2): 468-482.

[233] Pan Z, Wang Y, Wu C, et al. Oil price volatility and macroeconomic fundamentals: A regime switching GARCH-MIDAS model [J]. Journal of Empirical Finance, 2017, 43: 130-142.

[234] Pang D, Ma F, Wahab M I M, et al. Financial stress and oil market volatility: new evidence [J]. Applied Economics Letters, 2023, 30(1): 1-6.

[235] Paolella M S, Taschini L. An econometric analysis of emission allowance prices [J]. Journal of Banking & Finance, 2008, 32(10): 2022-2032.

[236] Park S, Shin D W. Modeling and forecasting realized volatilities of Korean financial assets featuring long memory and asymmetry [J]. Asia-Pacific Journal of Financial Studies, 2014, 43 (1): 31-58.

[237] Patton A J, Sheppard K. Good volatility, bad volatility: Signed jumps and the persistence of volatility [J]. Review of Economics and Statistics, 2015, 97(3): 683-697.

[238] Paye B S. 'Déjà vol': Predictive regressions for aggregate stock market volatility using macroeconomic variables [J]. Journal of Financial Economics, 2012, 106(3): 527-546.

[239] Pesaran M H, Timmermann A. A simple nonparametric test of predictive performance [J]. Journal of Business & Economic Statistics, 1992, 10(4): 461-465.

[240] Phan D H B, Iyke B N, Sharma S S, et al. Economic policy uncertainty and financial stability-Is there a relation? [J]. Economic Modelling, 2021, 94: 1018-1029.

[241] Philip D, Shi Y. Impact of allowance submissions in European carbon emission markets [J]. International Review of Financial Analysis, 2015, 40: 27-37.

[242] Piccoli P, Chaudhury M, Souza A, et al. Stock overreaction to extreme market events [J]. The North American Journal of Economics and Finance, 2017, 41: 97-111.

[243] Pilbeam K, Langeland K N. Forecasting exchange rate volatility: GARCH models versus implied volatility forecasts [J]. International Economics and Economic Policy, 2015, 12(1): 127-142.

[244] Plakandaras V, Ji Q. Intrinsic decompositions in gold forecasting [J]. Journal of Commodity Markets, 2022: 100245.

[245] Pong S, Shackleton M B, Taylor S J, et al. Forecasting currency volatility: A comparison of implied volatilities and AR (FI) MA models [J]. Journal of Banking & Finance, 2004, 28 (10): 2541-2563.

[246] Pradhan B K, Ghosh J, Yao Y F, et al. Carbon pricing and terms of trade effects for China and India: A general equilibrium analysis [J]. Economic Modelling, 2017, 63: 60-74.

[247] Prokopczuk M, Symeonidis L, Wese Simen C. Do jumps matter for volatility forecasting? Evidence from energy markets [J]. Journal of Futures Markets, 2016, 36(8): 758-792.

[248] Qiao G, Teng Y, Li W, et al. Improving volatility forecasting based on Chinese volatility index information: Evidence from CSI 300 index and futures markets [J]. The North American Journal of Economics and Finance, 2019, 49: 133-151.

[249] Qiao G, Yang J, Li W. VIX forecasting based on GARCH-type model with observable dynamic jumps: A new perspective [J]. The North American Journal of Economics and Finance, 2020, 53: 101186.

[250] Ramos-Pérez E, Alonso-González P J, Núñez-Velázquez J J. Forecasting volatility with a stacked model based on a hybridized Artificial Neural Network [J]. Expert Systems with Applications, 2019, 129: 1-9.

[251] Rapach D E, Strauss J K, Zhou G. Out-of-sample equity premium prediction: Combination forecasts and links to the real economy [J]. The Review of Financial Studies, 2010, 23(2): 821-862.

[252] Reboredo J C. Volatility spillovers between the oil market and the European Union carbon emission market [J]. Economic Modelling, 2014, 36: 229-234.

[253] Ren X, Duan K, Tao L, et al. Carbon prices forecasting in quantiles [J]. Energy Economics, 2022, 108: 105862.

[254] Ren X, Li Y, Yan C, et al. The interrelationship between the carbon market and the green bonds market: Evidence from wavelet quantile-on-quantile method [J]. Technological Forecasting and Social Change, 2022, 179: 121611.

[255] Rickels W, Görlich D, Peterson S. Explaining European Emission Allowance Price Dynamics: Evidence from Phase II [J]. German Economic Review, 2015, 16(2): 181-202.

[256] Rossi B, Inoue A. Out-of-sample forecast tests robust to the choice of window size [J]. Journal of Business & Economic Statistics, 2012, 30(3): 432-453.

[257] Rubtsov A, Xu W, Šević A, et al. Price of climate risk hedging under uncertainty [J]. Technological Forecasting and Social Change, 2021, 165: 120430.

[258] Salisu A A, Gupta R, Demirer R. Global financial cycle and the predictability of oil market volatility: Evidence from a GARCH-MIDAS model [J]. Energy Economics, 2022, 108: 105934.

[259] Santos D G, Ziegelmann F A. Volatility forecasting via MIDAS, HAR and their combination: An empirical comparative study for IBOVESPA [J]. Journal of Forecasting, 2014, 33(4): 284-299.

[260] Schlenker W, Taylor C A. Market expectations of a warming climate [J]. Journal of Financial Economics, 2021, 142(2): 627-640.

[261] Schwert G W. Business cycles, financial crises, and stock volatility [C]//Carnegie-Rochester Conference series on public policy. North-Holland, 1989, 31: 83-125.

[262] Segnon M, Lux T, Gupta R. Modeling and forecasting the volatility of carbon dioxide emission allowance prices: A review and comparison of modern volatility models [J]. Renewable and Sustainable Energy Reviews, 2017, 69: 692-704.

[263] Sévi B. Forecasting the volatility of crude oil futures using intraday data [J]. European Journal of Operational Research, 2014, 235(3): 643-659.

[264] Shahbaz M, Shafiullah M, Papavassiliou V G, et al. The CO_2-growth nexus revisited: A nonparametric analysis for the G7 economies over nearly two centuries [J]. Energy Economics, 2017, 65: 183-193.

[265] Siddique M A, Akhtaruzzaman M, Rashid A, et al. Carbon disclosure, carbon performance and financial performance: International evidence [J]. International Review of Financial Analysis, 2021, 75: 101734.

[266] Siliverstovs B. Short-term forecasting with mixed-frequency data: a MIDASSO approach [J]. Applied Economics, 2017, 49(13): 1326-1343.

[267] Šimáková J. Analysis of the relationship between oil and gold prices [J]. Journal of Finance, 2011, 51(1): 651-662.

[268] Smith L V, Tarui N, Yamagata T. Assessing the impact of COVID-19 on global fossil fuel consumption and CO_2 emissions [J]. Energy Economics, 2021, 97: 105170.

[269] Stock J H, Watson M W. Combination forecasts of output growth in a seven-country data set [J]. Journal of Forecasting, 2004, 23(6): 405-430.

[270] Stroebel J, Wurgler J. What do you think about climate finance? [J]. Journal of Financial Economics, 2021, 142(2): 487-498.

[271] Sun X, Fang W, Gao X, et al. Complex causalities between the carbon market and the stock markets for energy intensive industries in China [J]. International Review of Economics &

Finance, 2022, 78: 404-417.

[272] Tan X, Sirichand K, Vivian A, et al. How connected is the carbon market to energy and financial markets? A systematic analysis of spillovers and dynamics [J]. Energy Economics, 2020, 90: 104870.

[273] Tan X, Sirichand K, Vivian A, et al. Forecasting European carbon returns using dimension reduction techniques: Commodity versus financial fundamentals [J]. International Journal of Forecasting, 2022, 38(3): 944-969.

[274] Tan X P, Wang X Y. Dependence changes between the carbon price and its fundamentals: A quantile regression approach [J]. Applied Energy, 2017, 190: 306-325.

[275] Tang B, Gong P, Shen C. Factors of carbon price volatility in a comparative analysis of the EUA and sCER [J]. Annals of Operations Research, 2017, 255(1): 157-168.

[276] Tibshirani R. Regression shrinkage and selection via the lasso [J]. Journal of the Royal Statistical Society: Series B (Methodological), 1996, 58(1): 267-288.

[277] Tiwari A K, Aye G C, Gupta R, et al. Gold-oil dependence dynamics and the role of geopolitical risks: Evidence from a Markov-switching time-varying copula model [J]. Energy Economics, 2020, 88: 104748.

[278] Vapnik V. The nature of statistical learning theory [M]. Berlin: Springer Science and Business Media, 1999.

[279] Venter P J, Maré E. Price discovery in the volatility index option market: A univariate GARCH approach [J]. Finance Research Letters, 2022, 44: 102069.

[280] Vlaar P J G, Palm F C. The message in weekly exchange rates in the European monetary system: mean reversion, conditional heteroscedasticity, and jumps [J]. Journal of Business & Economic Statistics, 1993, 11(3): 351-360.

[281] Vrontos S D, Galakis J, Vrontos I D. Implied volatility directional forecasting: A machine learning approach [J]. Quantitative Finance, 2021, 21(10): 1687-1706.

[282] Wang J, Huang Y, Ma F, et al. Does high-frequency crude oil futures data contain useful information for predicting volatility in the US stock market? New evidence [J]. Energy Economics, 2020, 91: 104897.

[283] Wang J, Ma F, Bouri E, et al. Volatility of clean energy and natural gas, uncertainty indices, and global economic conditions [J]. Energy Economics, 2022, 108: 105904.

[284] Wang L, Ma F, Liu G. Forecasting stock volatility in the presence of extreme shocks: Short-term and long-term effects [J]. Journal of Forecasting, 2020, 39(5): 797-810.

[285] Wang L, Ma F, Liu J, et al. Forecasting stock price volatility: New evidence from the GARCH-MIDAS model [J]. International Journal of Forecasting, 2020, 36(2): 684-694.

[286] Wang L, Ma F, Niu T, et al. The importance of extreme shock: Examining the effect of investor sentiment on the crude oil futures market [J]. Energy Economics, 2021, 99: 105319.

[287] Wang L, Wu J, Cao Y, et al. Forecasting renewable energy stock volatility using short and long-term Markov switching GARCH-MIDAS models: Either, neither or both? [J]. Energy

Economics, 2022, 111: 106056.

[288] Wang Y, Guo Z. The dynamic spillover between carbon and energy markets: New evidence [J]. Energy, 2018, 149: 24-33.

[289] Wang Y, Ma F, Wei Y, et al. Forecasting realized volatility in a changing world: A dynamic model averaging approach [J]. Journal of Banking & Finance, 2016, 64: 136-149.

[290] Wang Z J, Zhao L T. The impact of the global stock and energy market on EU ETS: A structural equation modelling approach [J]. Journal of Cleaner Production, 2021, 289: 125140.

[291] Wei Y, Bai L, Yang K, et al. Are industry-level indicators more helpful to forecast industrial stock volatility? Evidence from Chinese manufacturing purchasing managers index [J]. Journal of Forecasting, 2021, 40(1): 17-39.

[292] Wei Y, Liu J, Lai X, et al. Which determinant is the most informative in forecasting crude oil market volatility: Fundamental, speculation, or uncertainty? [J]. Energy Economics, 2017, 68: 141-150.

[293] Wei Y, Qin S, Li X, et al. Oil price fluctuation, stock market and macroeconomic fundamentals: Evidence from China before and after the financial crisis [J]. Finance Research Letters, 2019, 30: 23-29.

[294] Wei Y, Wang Y, Huang D. Forecasting crude oil market volatility: Further evidence using GARCH-class models [J]. Energy Economics, 2010, 32(6): 1477-1484.

[295] Welch I, Goyal A. A comprehensive look at the empirical performance of equity premium prediction [J]. The Review of Financial Studies, 2008, 21(4): 1455-1508.

[296] Wen F, Gong X, Cai S. Forecasting the volatility of crude oil futures using HAR-type models with structural breaks [J]. Energy Economics, 2016, 59: 400-413.

[297] Wen F, Wu N, Gong X. China's carbon emissions trading and stock returns [J]. Energy Economics, 2020, 86: 104627.

[298] Wen F, Zhao Y, Zhang M, et al. Forecasting realized volatility of crude oil futures with equity market uncertainty [J]. Applied Economics, 2019, 51(59): 6411-6427.

[299] Whitmarsh L, Seyfang G, O'Neill S. Public engagement with carbon and climate change: To what extent is the public "carbon capable"? [J]. Global Environmental Change, 2011, 21 (1): 56-65.

[300] Wilms I, Rombouts J, Croux C. Multivariate volatility forecasts for stock market indices [J]. International Journal of Forecasting, 2021, 37(2): 484-499.

[301] Wold H. Estimation of principal components and related models by iterative least squares [J]. Multivariate Analysis, 1966: 391-420.

[302] Xiao J, Wang Y. Investor attention and oil market volatility: Does economic policy uncertainty matter? [J]. Energy Economics, 2021, 97: 105180.

[303] Xiao J, Zhou M, Wen F, et al. Asymmetric impacts of oil price uncertainty on Chinese stock returns under different market conditions: Evidence from oil volatility index [J]. Energy Economics, 2018, 74: 777-786.

[304] Xiao L, Wang J, Dong Y, et al. Combined forecasting models for wind energy forecasting: A case study in China [J]. Renewable and Sustainable Energy Reviews, 2015, 44: 271-288.

[305] Yan X, Bai J, Li X, et al. Can dimensional reduction technology make better use of the information of uncertainty indices when predicting volatility of Chinese crude oil futures? [J]. Resources Policy, 2022, 75: 102521.

[306] Yang K, Chen L. Realized volatility forecast: Structural breaks, long memory, asymmetry, and day-of-the-week effect [J]. International Review of Finance, 2014, 14(3): 345-392.

[307] Ye J, Xue M. Influences of sentiment from news articles on EU carbon prices [J]. Energy Economics, 2021, 101: 105393.

[308] Ye S, Dai P F, Nguyen H T, et al. Is the cross-correlation of EU carbon market price with policy uncertainty really being? A multiscale multifractal perspective [J]. Journal of Environmental Management, 2021, 298: 113490.

[309] Yen K C, Cheng H P. Economic policy uncertainty and cryptocurrency volatility [J]. Finance Research Letters, 2021, 38: 101428.

[310] You Y, Liu X. Forecasting short-run exchange rate volatility with monetary fundamentals: A GARCH-MIDAS approach [J]. Journal of Banking & Finance, 2020, 116: 105849.

[311] Yu J, Shi X, Guo D, et al. Economic policy uncertainty (EPU) and firm carbon emissions: Evidence using a China provincial EPU index [J]. Energy Economics, 2021, 94: 105071.

[312] Yu L, Li J, Tang L. Dynamic volatility spillover effect analysis between carbon market and crude oil market: a DCC-ICSS approach [J]. International Journal of Global Energy Issues, 2015, 38(4/5/6): 242-256.

[313] Yu L, Li J, Tang L, et al. Linear and nonlinear Granger causality investigation between carbon market and crude oil market: A multi-scale approach [J]. Energy Economics, 2015, 51: 300-311.

[314] Zeqiraj V, Sohag K, Soytas U. Stock market development and low-carbon economy: The role of innovation and renewable energy [J]. Energy Economics, 2020, 91: 104908.

[315] Zhang C, Chen H, Peng Z. Does Bitcoin futures trading reduce the normal and jump volatility in the spot market? Evidence from GARCH-jump models [J]. Finance Research Letters, 2022: 102777.

[316] Zhang L, Luo Q, Guo X, et al. Medium-term and long-term volatility forecasts for EUA futures with country-specific economic policy uncertainty indices [J]. Resources Policy, 2022, 77: 102644.

[317] Zhang Y, Ma F, Liao Y. Forecasting global equity market volatilities [J]. International Journal of Forecasting, 2020, 36(4): 1454-1475.

[318] Zhang Y, Ma F, Shi B, et al. Forecasting the prices of crude oil: An iterated combination approach [J]. Energy Economics, 2018, 70: 472-483.

[319] Zhang Y, Ma F, Wang T, et al. Out-of-sample volatility prediction: A new mixed-frequency approach [J]. Journal of Forecasting, 2019, 38(7): 669-680.

[320] Zhang Y, Ma F, Wang Y. Forecasting crude oil prices with a large set of predictors: Can

LASSO select powerful predictors? [J]. Journal of Empirical Finance, 2019, 54: 97-117.

[321] Zhang Y, Ma F, Wei Y. Out-of-sample prediction of the oil futures market volatility: A comparison of new and traditional combination approaches [J]. Energy Economics, 2019, 81: 1109-1120.

[322] Zhang Y, Wahab M I M, Wang Y. Forecasting crude oil market volatility using variable selection and common factor [J]. International Journal of Forecasting, 2023, 39(1): 486-502.

[323] Zhang Y, Wei Y, Zhang Y, et al. Forecasting oil price volatility: Forecast combination versus shrinkage method [J]. Energy Economics, 2019, 80: 423-433.

[324] Zhang Y J, Sun Y F. The dynamic volatility spillover between European carbon trading market and fossil energy market [J]. Journal of Cleaner Production, 2016, 112: 2654-2663.

[325] Zhang Y J, Zhang J L. Volatility forecasting of crude oil market: A new hybrid method [J]. Journal of Forecasting, 2018, 37(8): 781-789.

[326] Zhou Z, Fu Z, Jiang Y, et al. Can economic policy uncertainty predict exchange rate volatility? New evidence from the GARCH-MIDAS model [J]. Finance Research Letters, 2020, 34: 101258.

[327] Zhu B, Ma S, Chevallier J, et al. Modelling the dynamics of European carbon futures price: A Zipf analysis [J]. Economic Modelling, 2014, 38: 372-380.

[328] Zhu H, Tang Y, Peng C, et al. The heterogeneous response of the stock market to emission allowance price: evidence from quantile regression [J]. Carbon Management, 2018, 9(3): 277-289.

[329] Zhu X, Zhu J. Predicting stock returns: A regime-switching combination approach and economic links [J]. Journal of Banking & Finance, 2013, 37(11): 4120-4133.

[330] Zou H, Hastie T. Regularization and variable selection via the elastic net [J]. Journal of the Royal Statistical Society: Series B (Statistical Methodology), 2005, 67(2): 301-320.

[331] 蔡光辉, 应雪海. 基于跳跃、好坏波动率和马尔科夫状态转换的高频波动率模型预测 [J]. 系统科学与数学, 2020, 40(3): 521-546.

[332] 陈国进, 丁杰, 赵向琴. "坏"跳跃、"好"跳跃与高频波动率预测 [J]. 管理科学, 2018, 31(6): 3-16.

[333] 陈浪南, 杨科. 中国股市高频波动率的特征, 预测模型以及预测精度比较 [J]. 系统工程理论与实践, 2013, 33: 296-307.

[334] 陈声利, 关涛, 李一军. 基于跳跃、好坏波动率与百度指数的股指期货波动率预测 [J]. 系统工程理论与实践, 2018, 38(2): 299-316.

[335] 陈声利, 李一军, 关涛. 基于四次幂差修正 HAR 模型的股指期货波动率预测 [J]. 中国管理科学, 2018, 26(1): 57-71.

[336] 龚旭, 林伯强. 跳跃风险、结构突变与原油期货价格波动预测 [J]. 中国管理科学, 2018, 26(11): 11-21.

[337] 胡根华, 朱福敏. 碳价格波动率模型构建与预测: 基于无穷活动率 Levy 过程 [J]. 数理统计与管理, 2018, 37(5): 892-903.

[338] 雷立坤, 余江, 魏宇, 等. 经济政策不确定性与我国股市波动率预测研究 [J]. 管理科学学报, 2018, 21(6): 88-98.

[339] 李俊儒, 汪寿阳, 魏云捷. 基于波动率测量误差的波动率预测模型 [J]. 系统工程理论与实践, 2018, 38(8): 1905-1918.

[340] 李谊. 碳排放权交易定价影响因素的实证研究 [J]. 价格理论与实践, 2020, 6: 146-149.

[341] 李云红, 魏宇. 我国钢材期货市场波动率的 GARCH 族模型研究 [J]. 数理统计与管理, 2013, 32(2): 191-201.

[342] 李云红, 魏宇, 陈王. 风险厌恶在股指期货避险中的应用研究 [J]. 管理工程学报, 2014, 28(4): 173-179.

[343] 李政, 石晴, 卜林. 地缘政治风险是国际原油价格波动的影响因子吗? 基于 GARCH-MIDAS 模型的分析 [J]. 世界经济研究, 2021, 11: 18-32.

[344] 梁超, 魏宇, 马锋, 等. 投资者关注对中国黄金价格波动率的影响研究 [J]. 系统工程理论与实践, 2022, 42(2): 320-332.

[345] 刘君阳, 杨凤娟, 李亚冰. 影响中国碳排放权交易价格波动的长效因素研究——基于北京环境交易所碳价格 [J]. 统计理论与实践, 2020, 3: 11-16.

[346] 刘轶, 屈建文, 董续高, 等. 基于符号价格极差的金融资产波动率预测研究 [J]. 系统工程理论与实践, 2021, 41(9): 2256-2270.

[347] 罗嘉雯, 陈浪南. 基于贝叶斯因子模型金融高频波动率预测研究 [J]. 管理科学学报, 2017, 20(8): 14.

[348] 马锋, 魏宇, 黄登仕, 等. 基于跳跃和符号跳跃变差的 HAR-RV 预测模型及其 MCS 检验 [J]. 系统管理学报, 2015, 24(5): 700-710.

[349] 马锋, 魏宇, 黄登仕. 基于符号收益和跳跃变差的高频波动率模型 [J]. 管理科学学报, 2017, 20(10): 13.

[350] 谭小芬, 张辉, 杨楠, 等. 离岸与在岸人民币汇率: 联动机制和溢出效应——基于 VAR-GARCH-BEKK 模型的分析 [J]. 管理科学学报, 2019, 22(7): 52-65.

[351] 王佳, 金秀, 王旭, 等. 基于时变 Markov 的 DCC-GARCH 模型最小风险套期保值研究 [J]. 中国管理科学, 2020, 28(10): 13-23.

[352] 王茹婷, 李文奇, 黄诒蓉. 贸易摩擦、日内跳跃与股市波动——基于中国高频数据的经验证据 [J]. 国际金融研究, 2019, 12: 63-73.

[353] 魏宇. 沪深 300 股指期货的波动率预测模型研究 [J]. 管理科学学报, 2010, 13(2): 66-76.

[354] 魏宇, 赖晓东, 余江. 沪深 300 股指期货日内避险模型及效率研究 [J]. 管理科学学报, 2013, 16(3): 29-40.

[355] 吴鑫育, 谢海滨, 马超群. 经济政策不确定性与人民币汇率波动率——基于 CARR-MIDAS 模型的实证研究 [J/OL]. 中国管理科学: 1-14 [2022-05-30].

[356] 夏婷, 闻岳春. 经济不确定性是股市波动的因子吗? ——基于 GARCH-MIDAS 模型的分析 [J]. 中国管理科学, 2018, 26(12): 1-11.

[357] 杨科, 陈浪南. 上证综指的已实现波动率预测模型 [J]. 数理统计与管理, 2013, 32

（1）：165-179.

［358］杨科, 田凤平, 林洪. 跳跃的估计、股市波动率的预测以及预测精度评价［J］. 中国管理科学, 2013, 21(3)：50-60.

［359］张一锋, 雷立坤, 魏宇. 羊群效应的新测度指数及其对我国股市波动的预测作用研究［J］. 系统工程理论与实践, 2020, 40(11)：2810-2824.

［360］张跃军, 魏一鸣. 化石能源市场对国际碳市场的动态影响实证研究［J］. 管理评论, 2010, 22(6)：34-41.

［361］张志强, 曾静静, 曲建升. 世界主要国家碳排放强度历史变化趋势及相关关系研究［J］. 地球科学进展, 2011, 26(8)：859-869.

［362］赵华, 肖佳文. 考虑微观结构噪声与测量误差的波动率预测［J］. 中国管理科学, 2020, 28(4)：48-60.

［363］钟立新, 姚前, 王聪聪. 政策因素会长期影响股市波动吗？——基于 GARCH-MIDAS 模型的分析［J］. 财经论丛, 2020(6)：51-62.

［364］朱钧钧, 谢识予. 中国股市波动率的双重不对称性及其解释——基于 MS-TGARCH 模型的 MCMC 估计和分析［J］. 金融研究, 2011, 3：134-148.